中等职业学校计算机系列教材

zhongdeng zhiye xuexiao jisuanji xilie jiaocai

# CoreIDRAW X3 中文版
# 案例教程

◎ 王忠莲　主编

◎ 李权　徐亮　童家琼　副主编

人民邮电出版社

北京

**图书在版编目（CIP）数据**

CorelDRAW X3中文版案例教程 / 王忠莲主编. -- 北
京：人民邮电出版社，2012.1
中等职业学校计算机系列教材
ISBN 978-7-115-23761-3

Ⅰ．①C… Ⅱ．①王… Ⅲ．①图形软件，CorelDRAW
X3－专业学校－教材 Ⅳ．①TP391.41

中国版本图书馆CIP数据核字(2010)第158523号

## 内 容 提 要

本书介绍了使用 CorelDRAW X3 绘制和编辑图形的相关知识，重点训练图形设计的综合应用能力。全书共 8 章，主要内容包括：绘制与编辑线条、绘制基本图形、编辑图形对象、填充图形颜色、设置图形对象、输入与编辑文本、设置矢量图的特殊效果和编辑与处理位图。

本书可供中等职业学校计算机应用技术专业以及其他相关专业使用，也可作为计算机绘制与编辑图形 CorelDRAW X3 中文版的上机辅导用书和 CorelDRAW X3 中文版的培训教学用书。

中等职业学校计算机系列教材
**CorelDRAW X3 中文版案例教程**

◆ 主　编　王忠莲

　　副主编　李 权　徐 亮　童家琼

　　责任编辑　曾 斌

◆ 人民邮电出版社出版发行　北京市崇文区夕照寺街 14 号
　邮编　100061　电子邮件　315@ptpress.com.cn
　网址　http://www.ptpress.com.cn
　大厂聚鑫印刷有限责任公司印刷

◆ 开本：787×1092　1/16

◆ 印张：20　　　　　　2012 年 1 月第 1 版
　字数：490 千字　　2012 年 1 月河北第 1 次印刷

ISBN 978-7-115-23761-3

定价：39.00 元（附光盘）

**读者服务热线：(010)67170985　印装质量热线：(010)67129223
反盗版热线：(010)67171154
广告经营许可证：京崇工商广字第 0021 号**

# 前　言

CorelDRAW X3 具有易用、易懂的操作界面以及完善的图形绘制与编辑功能，它是目前应用最广泛的绘制图形的软件之一，被广泛应用于广告设计和图文出版等各个行业。

本书采用目前最为流行的案例教学法，以案例贯穿全书，结合工作证、贺卡、名片、书籍封面、装饰画、挂历等最具有代表性的作品，将软件功能与行业实际应用相结合，使读者通过不断的练习掌握 CorelDRAW X3 图形绘制与编辑的知识与技能。

本书共 8 章，各部分主要内容如下。

- **第 1 章**：以绘制工作证、制作快餐店标志、绘制卡通人物等实例为例，主要介绍 CorelDRAW X3 中绘制与编辑线条的操作，包括绘制直线和折线、使用艺术笔工具、使用钢笔工具、使用贝塞尔工具等知识。

- **第 2 章**：以制作春节贺卡、制作手提袋、绘制鲜花、制作寻狗启事广告等实例为例，主要介绍绘制基本图形的操作，包括使用矩形工具、椭圆工具、多边形、螺纹工具等绘制几何图形，以及使用基本形状工具组绘制各种基本形状等知识。

- **第 3 章**：以制作名片、制作书籍封面设计效果图、制作水果 POP 广告等实例为例，主要介绍编辑图形对象的方法，包括选择图形、编辑节点、变换图形、复制和删除图形、撤消和恢复操作、再制和仿制图形等知识。

- **第 4 章**：以绘制装饰画、绘制仕女图、制作数码相机广告效果图等实例为例，主要介绍填充图形颜色的操作，包括均匀填充、渐变填充、图样填充、底纹填充、交互式填充、交互式网状填充、滴管和颜料桶填充等知识。

- **第 5 章**：以绘制信纸、制作多层字文字特殊效果、绘制地毯纹样、绘制 POP 海报、制作数码相册样本设计等实例为例，主要介绍设置图形对象的相关操作，包括轮廓线颜色、箭头样式等属性设置，对齐、分布和排列图形，群组、焊接、修剪、锁定图形等知识。

- **第 6 章**：以绘制挂历、绘制书籍封面、制作 4 折页画册内页版式、制作世纪花园房地产户外广告等实例为例，主要介绍输入与编辑文字，包括美术字与段落文本的输入、文本格式的设置、内置文本的使用、文本适合路径的设置等知识。

- **第 7 章**：以绘制水晶按钮、制作放射字文字特殊效果、制作琵琶行、制作手绘装饰画效果等实例为例，主要介绍设置矢量图的特殊效果，包括交互式调和、交互式轮廓图工具、交互式变形工具、交互式封套工具、交互式阴影工具、交互式立体化工具、交互式透明工具的使用，以及透镜效果等知识。

- **第 8 章**：以制作画册模板、制作虚光效果的图片、制作浮雕字特殊效果、制作电话卡户外广告效果、绘制信签纸、绘制 8 月份挂历等实例为例，主要介绍位图的编辑与处理方法，包括转换位图、设置位图颜色模式、裁剪位图、使用位图颜色遮罩、为位图设置特效滤镜等操作。

本书具有以下特色。

（1）任务驱动，案例教学。本书主要通过完成某一任务来掌握和巩固 CorelDRAW X3 图形绘制与编辑的相关操作，每个案例都给出了实例目标、制作思路和操作步骤，使读者能够明确每个案例需要掌握的知识点和操作方法。

（2）案例类型丰富，实用性强。书中共挑选了 52 个案例进行讲解，这些案例都来源于实际工作与生活中，具有较强的代表性和可操作性，并融入了大量的职业技能元素。使读者不但能掌握 CorelDRAW X3 相关的软件知识，更重要的是还能获得一些设计经验与方法，如颜色的搭配、画面构图等。

（3）边学边练，举一反三。书中每章最后提供有大量上机练习题，给出了各练习的最终效果和制作思路，在进一步巩固前面所学知识基础上重点培养读者的实际动手能力，解决问题的能力，以达到学以致用、举一反三的目的。

为方便教学，本书还配备了光盘，内容为书中案例的素材、效果，以及为每章提供的拓展案例，步骤详细，综合性强，素材齐全，方便老师选择使用。

本书由王忠莲主编，李权、徐亮、童家琼担任副主编，参与本书编写的还有肖庆、李秋菊、黄晓宇、赵莉、牟春花、王维、蔡长兵、熊春、李洁羽、蔡飓、蒲乐、马鑫、耿跃鹰、李枚锢和高志清。

由于作者水平有限，书中疏漏和不足之处在所难免，恳请广大读者及专家不吝赐教。

编　者

2011 年 10 月

# 目 录

# 第 1 章

# 绘制与编辑线条

绘制与编辑线条是 CorelDRAW X3 的基础知识，要想灵活运用 CorelDRAW X3 则首先应熟练掌握这方面的知识，包括绘制直线和折线、使用艺术笔工具、使用钢笔工具、使用贝塞尔工具等。本章将以 8 个制作实例来介绍 CorelDRAW X3 中绘制与编辑线条的相关操作，并将涉及文本输入、填充图片背景、图片的导入等操作。

**本章学习目标：**
- 绘制请假流程图
- 制作阴阳字文字特殊效果
- 绘制工作证
- 制作快餐店标志
- 制作悬挂式 POP 广告
- 绘制卡通人物
- 绘制装饰图案
- 绘制银灰色手机

## 1.1 绘制请假流程图

**实例目标**

使用矩形工具、椭圆工具和手绘工具绘制出流程图中所需的图形，然后再利用形状工具将矩形的 4 个角进行圆角化处理，最后输入所需文本并设置字体样式，完成请假流程图的制作，最终效果如图 1-1 所示。

**提示** 使用手绘工具绘制线条比较常用到，应熟练掌握。使用手绘工具可以快速绘制斜度直线，即确定直线的起点后，按住 "Ctrl" 键不放再移动光标至其他位置，所绘直线的角度会以 15°为步长变化，这样就可以绘制出有一定标准斜度的直线。

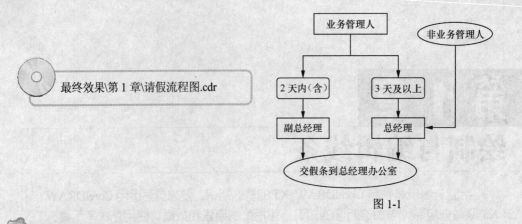

最终效果\第 1 章\请假流程图.cdr

图 1-1

### 制作思路

本例的制作思路如图 1-2 所示，涉及的知识点有绘制直线、绘制折线、设置线条样式以及输入文本，其中绘制直线和绘制折线是本例的重点内容。

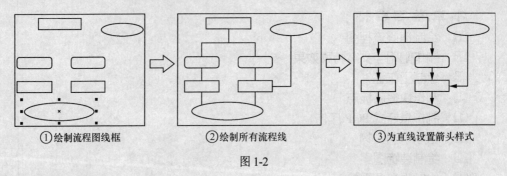

①绘制流程图线框      ②绘制所有流程线      ③为直线设置箭头样式

图 1-2

### 操作步骤

（1）启动 CorelDRAW X3，新建一个图形文件并将其保存为"请假流程图.cdr"。

（2）单击工具箱中的"矩形工具"按钮□或按"F6"键，切换为矩形工具，移动鼠标光标至绘图区中，此时光标变成 形状。

（3）在绘图区中按住鼠标左键不放，向右下方拖动到适当位置后松开鼠标左键，绘制出一个矩形，如图 1-3 所示。

（4）单击工具箱中的"挑选工具"按钮 或按空格键，切换为挑选工具，选择绘制的矩形，在其属性栏的"对象的大小"文本框 中分别输入"60"和"15"，按"Enter"键完成设置，如图 1-4 所示。

图 1-3                         图 1-4

（5）使用同样的方法继续绘制 4 个大小均为长 50mm，宽 15mm 的矩形，其相对位置如图 1-5 所示。

（6）单击工具箱中的"形状工具"按钮，切换为形状工具，单击选择左上角的矩形，此时矩形显示为如图 1-6 所示。

（7）在右上角的节点处按住鼠标左键不放向下拖动到合适位置时松开鼠标，完成矩形的圆角化操作，如图 1-7 所示。

（8）用同样的方法将右上角的矩形进行圆角化操作。

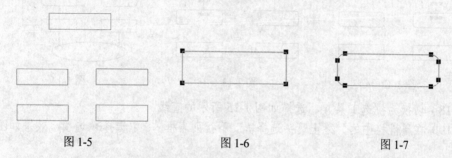

图 1-5　　　　　　　　　　图 1-6　　　　　　　　　　图 1-7

（9）单击工具箱中的"椭圆工具"按钮或按"F7"键，切换为椭圆工具。在矩形的右侧拖动光标绘制一个椭圆，位置如图 1-8 所示。

（10）在属性栏中的"对象的大小"文本框 64.985 mm / 19.495 mm 中分别输入"60"和"18"，按"Enter"键，设置好椭圆的大小。

（11）在矩形下方绘制一个椭圆，位置如图 1-9 所示，大小设置为"100mm×25mm"。

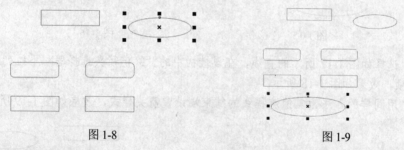

图 1-8　　　　　　　　　　　　　　　图 1-9

（12）单击工具箱中的"手绘工具"按钮或按"F5"键，切换为手绘工具，在绘制的第 1 个矩形的下边缘中点处单击左键指定直线的起点。

（13）将鼠标移到下方适当位置，单击左键指定直线结束点，如图 1-10 所示。

（14）用同样的方法在其下方绘制一条直线，位置如图 1-11 所示。

图 1-10　　　　　　　　　　　　　　　图 1-11

（15）单击该直线的左端点，然后将光标移到其左下方的矩形的上边缘上，单击确定直线结束点，绘制一条向下的直线，如图 1-12 所示。

（16）用同样的方法在直线的右端点处绘制一条向下的直线，如图 1-13 所示。

（17）用前面的方法将其他位置的流程线绘制出来，效果如图 1-14 所示。

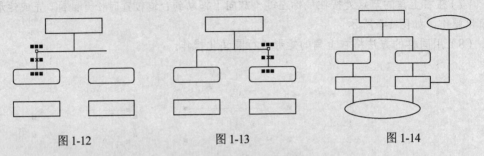

图 1-12　　　　　　　图 1-13　　　　　　　图 1-14

（18）切换为挑选工具，选择如图 1-15 所示的直线。

（19）在属性栏中的"终止箭头选择器"下拉列表框中选择选项，效果如图 1-16 所示。

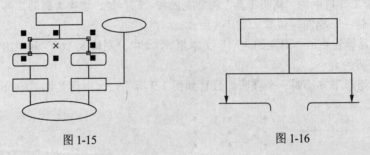

图 1-15　　　　　　　　　　　图 1-16

（20）选择如图 1-17 所示的直线，在属性栏中的"终止箭头选择器"下拉列表框中选择选项，效果如图 1-18 所示。

（21）用同样的方法为其他流程线的结束端设置箭头样式，效果如图 1-19 所示。

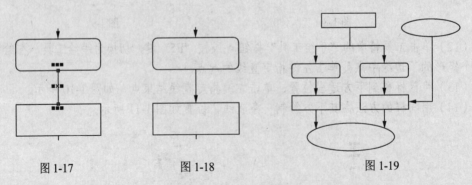

图 1-17　　　　　　　图 1-18　　　　　　　图 1-19

（22）单击工具箱中的"文本工具"按钮或按"F8"键，切换到文本工具。

（23）将光标移到如图 1-20 所示的矩形中间的空白区域，单击确定文本插入点。切换到中文输入法状态，输入文本"业务管理人"，如图 1-21 所示。

（24）用同样的方法添加其他位置的文本，完成后的效果如图 1-22 所示。

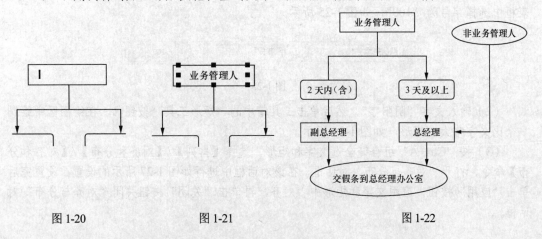

图 1-20　　　　　　　　　　图 1-21　　　　　　　　　　　　　　图 1-22

## 1.2　制作阴阳字文字特殊效果

先使用文本工具输入并设置需要的文字，然后使用矩形工具绘制一个矩形，并复制矩形并将其转换为曲线，最后通过"造形"命令修剪得到文字，将其分别填充为白色和黑色，完成后的阴阳文字效果如图 1-23 所示。

最终效果\第 1 章\阴阳字.cdr

图 1-23

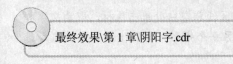 **制作思路**

本例的制作思路如图 1-24 所示，涉及的知识点有文本工具、矩形工具、挑选工具以及形状工具的应用、设置对齐方式、复制图形对象、将直线转换为曲线、文字修剪等知识，其中形状工具的使用和曲线的编辑是本例的重点内容。

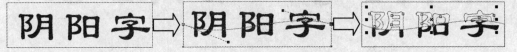

①输入文本并绘制矩形　　　　　②将直线转换为曲线　　　　　③修剪并填充文字

图 1-24

 **操作步骤**

（1）在 CorelDRAW X3 中新建一个图形文件，单击工具箱中的"文本工具" ，在绘

图区单击鼠标右键后，在工具属性栏的字体下拉列表框中选择字体为"隶书"，在字号下拉列表框中选择字号为"100"，如图 1-25 所示。

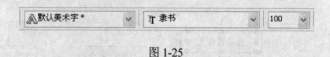

图 1-25

（2）输入文字"阴阳字"，然后单击工具箱中的"矩形工具"按钮，在绘图区中绘制一个比文字略大的矩形，如图 1-26 所示。

（3）按"Ctrl+A"组合键全选文字和矩形，选择【排列】/【对齐和分布】/【对齐和分布】命令，打开"对齐与分布"对话框，在该对话框中进行如图 1-27 所示的设置。设置完后单击"应用"按钮，应用文字和矩形中心对齐，再单击"关闭"按钮关闭"对齐与分布"对话框。

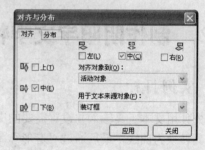

图 1-26

图 1-27

（4）单击工具箱中的"挑选工具"按钮，在绘图区任意空白处单击鼠标，取消文字和矩形的选择。选择矩形，按小键盘上的"+"键复制出另一个矩形。复制出的矩形被自动选择，效果如图 1-28 所示。

（5）选择【排列】/【转换为曲线】命令，将复制出的矩形转换成曲线。

（6）单击工具箱中的"形状工具"按钮，框选上面的两个节点，按"Ctrl"键将这两个节点垂直向下移至原文字大小的中间，如图 1-29 所示。

图 1-28

图 1-29

（7）选中右上方的节点，单击工具属性栏中的"转换直线为曲线" 按钮，此时该节点后出现了两个曲线控制杆，如图 1-30 所示。

（8）将光标移至调节曲线控制杆的控制点上，按住鼠标左键不放并拖动，将其调整为如图 1-31 所示的形状。

图 1-30 　　　　　　　　　　　　　　　　　图 1-31

（9）按空格键切换为选择状态，选择【排列】/【造形】/【造形】命令，打开造形泊坞窗，在其下拉列表框中选择"修剪"造形命令。

（10）选中☑来源对象复选框和☑目标对象复选框，单击"修剪"按钮，将光标移至文字上单击一次，将文字修剪。效果如图 1-32 所示。

（11）单击调色板上的白色颜色框将修剪后的对象填充为白色，并用鼠标右键单击黑色颜色框为其添加黑色轮廓，如图 1-33 所示。

图 1-32 　　　　　　　　　　　　　　　　　图 1-33

（12）选择被转换为曲线的对象，按"Shift"键加选矩形，选择【排列】/【顺序】/【到后部】命令，将这两个对象放置在底层。

（13）选择曲线对象，单击调色板上的白色颜色框将其填充为白色。再选择矩形，将其填充为黑色，这样，阴阳字就制作完成了，最终效果如图 1-23 所示。

# 1.3　绘制工作证

**实例目标**

利使用矩形工具、椭圆工具和多边形工具绘制工作证图形，并将矩形的四个角进行圆角化处理，然后设置所绘图形的填充色和轮廓色，最后输入文本，完成后的最终效果如图 1-34 所示。

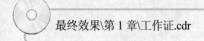

最终效果\第 1 章\工作证.cdr

图 1-34

 **制作思路**

本例的制作思路如图 1-35 所示，涉及的知识点有绘制矩形、椭圆和多边形的方法以及矩形的圆角化处理，完美工具组的使用方法，设置图形填充色和轮廓色等，其中形状工具的使用是本例的重点内容。

①绘制矩形并将其圆角化　　②绘制图形并设置填充色和轮廓色　　③输入并设置文本

图 1-35

 **操作步骤**

## 1.3.1　制作工作证背景

（1）启动 CorelDRAW X3，新建一个图形文件，将其保存为"工作证.cdr"。

（2）单击工具箱中的"矩形工具"按钮 ▢，移动光标至绘图区中，此时光标变成 ⌐▢形状，按住鼠标左键拖动鼠标绘制一个矩形。

（3）在属性栏中的"对象的大小"文本框 中分别输入"90"和"60"后按"Enter"键，如图 1-36 所示。

（4）用同样的方法绘制 3 个矩形，尺寸分别设置为"65mm×4mm"、"18mm×23mm"和"65mm×4mm"，其位置如图 1-37 所示。

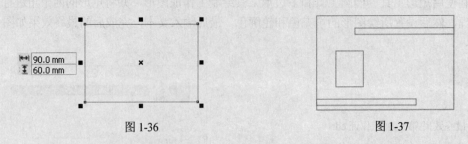

图 1-36　　　　　　　　　　　　　　　　　图 1-37

（5）单击工具箱中的"形状工具"按钮 ⬚，切换为形状工具，选择绘制的最大的矩形。将光标移到其右上角的节点处，按住左键不放并拖动到适当位置时松开鼠标，完成矩形的圆角化操作，如图 1-38 所示。

（6）用同样的方法将位于工作证右侧的矩形进行圆角化处理，效果如图 1-39 所示。

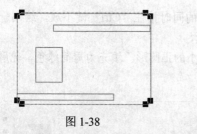

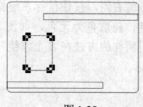

图 1-38　　　　　　　　　　　　　　　　　图 1-39

（7）绘制位于工作证左上角的公司标志，按住工具箱中的"图纸工具"按钮▦不放，在展开的工具栏▦◠◎中单击"多边形工具"按钮◯或直接按"Y"键切换为多边形工具。

（8）在属性栏的"多边形上的点数"数值框中输入"3"，将光标移到工作证的左上角，拖动绘制一个三角形，如图 1-40 所示。

（9）将光标移到三角形中间的×符号上，当其变成✛形状时单击，三角形周围将出现旋转控制柄，按住↗控制柄拖动旋转三角形，当旋转到如图 1-41 所示角度时松开鼠标。

（10）用同样的方法在其下方绘制一个三角形，如图 1-42 所示。

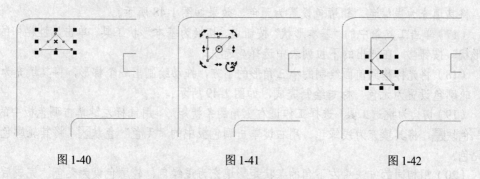

图 1-40　　　　　　　　　　图 1-41　　　　　　　　　　图 1-42

（11）选择第 1 个三角形，用左键单击调色板中的"浅绿"色块▦，将其填充为浅绿色，右键单击调色板中的"无色"色块⊠，将其轮廓色设置为无色，如图 1-43 所示。

（12）用相同的方法将下面的三角形填充为浅绿色，轮廓色为无色，如图 1-44 所示。

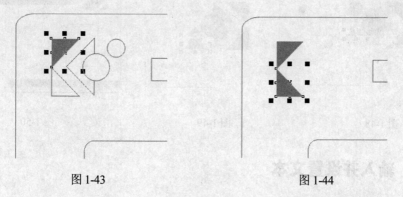

图 1-43　　　　　　　　　　　　　　　　　图 1-44

（13）在右侧绘制一个三角形，位置如图 1-45 所示，并且填充为薄荷绿色，轮廓色为无色。

（14）单击工具箱中的"椭圆工具"按钮◯或按"F7"键，切换到椭圆工具。将光标移到右边三角形的右侧，按住鼠标左键拖动不放的同时按住 "Ctrl" 键不放，绘制一个正圆形，填充为浅绿色，轮廓色为无色，如图 1-46 所示。

（15）用同样的方法在右上方绘制一个略小的正圆形，填充为薄荷绿色，轮廓色为无色，如图 1-47 所示。

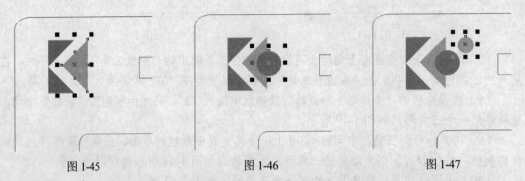

图 1-45　　　　　　　　　　　图 1-46　　　　　　　　　　　图 1-47

（16）按 "Y" 键切换为多边形工具，将光标移到较小圆形的下方，拖动绘制一个三角形，将其填充为浅绿色，轮廓色设置为无色，效果如图 1-48 所示。

（17）单击工具箱中的 "基本形状" 按钮 ，切换为基本形状工具，单击属性栏中的 "完美形状" 按钮 ，在弹出的下拉列表中选择 选项。

（18）将光标移到前面绘制的小三角形的下方，拖动绘制出一个梯形，将其填充为浅绿色，轮廓色设置为无色，标志绘制完成，如图 1-49 所示。

（19）切换为挑选工具，选择工作证右上角的条状矩形，用鼠标左键单击调色板中的 "浅绿" 色块 ，将其填充为浅绿色，用右键单击调色板中的 "无色" 色块 ，将其轮廓色设置为无色。

（20）用相同的方法将左下角的条状矩形填充为浅绿色，轮廓色设为无色。完成后的效果如图 1-50 所示。

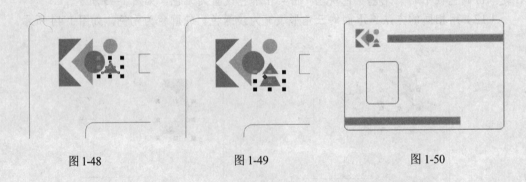

图 1-48　　　　　　　　　　　图 1-49　　　　　　　　　　　图 1-50

## 1.3.2　　输入并设置文本

（1）单击工具箱中的 "文本工具" 按钮 ，将光标移到工作证右上角的条状矩形上单击左键，确定一个文本插入点，如图 1-51 所示。输入公司名称 "KENVIN K.PARSON & ASSOCIATES.INC"。

（2）切换为挑选工具，此时的文本处于选择状态，在属性栏中的"字体大小列表"下拉列表框 24 ▼ 中选择"8"选项，将文本字号设置为8号。

（3）用鼠标左键和右键分别单击调色板中的"白"色块，使其填充色和轮廓色为白色，如图1-52所示。

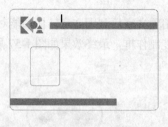
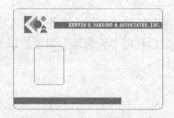

图 1-51            图 1-52

（4）用相同的方法在左下角的条状矩形上插输入同样的文本，字号和颜色等属性与右上角的文本保持一致。

（5）切换为文本工具，在工作证的中心位置单击确定插入点，输入"姓名:"，如图1-53所示。

（6）单击工具箱中的"挑选工具"按钮 ⬚ ，切换为挑选工具，"姓名:"文本处于选择状态，在属性栏中的"字体大小列表"下拉列表框 24 ▼ 中设置字号为12号，如图1-54所示。

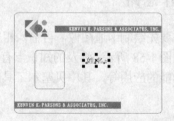

图 1-53            图 1-54

（7）使用相同的方法在如图1-55所示位置输入文本"部门:"和"证件:"，字号大小与"姓名:"文本相同。

（8）单击工具箱中的"矩形工具"按钮 ⬚ ，切换为矩形工具。在个人信息文本的右侧分别绘制3个细长矩形，矩形尺寸均设置为"25mm×0.005mm"，如图1-56所示，至此完成本例的制作。

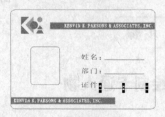

图 1-55            图 1-56

## 1.4　制作快餐店标志

利用贝塞尔工具绘制标志中的卡通人物，输入相关文字后利用文字转曲功能对输入的文字进行造型，最后利用"轮廓笔"对话框以及焊接功能制作框，最终效果如图1-57所示。

最终效果\第1章\快餐店标志.cdr

图1-57

本例需要先绘制卡通图像，再输入相应的文字进行造型，最后再制作标志外框。本例的制作思路如图1-58所示，涉及的知识点有使用贝塞尔工具绘制卡通厨师并填充颜色，文字转曲和焊接功能的应用等，其中贝塞尔工具的使用是本例的重点内容。

①绘制卡通厨师并填充颜色　　　　②对文字进行造型　　　　　③制作标志外框

图1-58

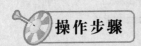

## 1.4.1　绘制卡通人物

（1）按"Ctrl+N"组合键新建一个文档，选择贝塞尔工具绘制厨师卡通形象的脸部，将其填充为肉色（C：0；M：10；Y：20；K：0）并去除轮廓色，如图 1-59 所示。

（2）同样使用贝塞尔工具绘制出帽子，将其填充为橙色（C：0；M：25；Y：50；K：0），并去除轮廓色，如图 1-60 所示。

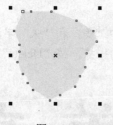

图 1-59　　　　　　　　　　　　　　　　　　图 1-60

（3）用贝塞尔工具绘制帽子上的色带，将其填充为红色，同样也去除轮廓色。

（4）用贝塞尔工具勾勒出厨师形象的其他部分，包括身体和手等，将其分别填充为红色和肉色，完成卡通人物的绘制，如图 1-61 所示。

（5）使用椭圆工具绘制一个椭圆，在属性栏的"轮廓宽度"数值框中输入"0.8mm"。

（6）按"Enter"键将线条加粗，得到加粗线宽后的椭圆效果，如图 1-62 所示。

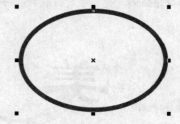

图 1-61　　　　　　　　　　　　　　　　　　图 1-62

（7）选择绘制的卡通厨师形象，按"Ctrl+G"组合键将其群组，再将其放置于椭圆中。

（8）用鼠标拖动卡通图形，使其与椭圆下方对齐，并按住"Shift"键对其进行适当的放大，如图 1-63 所示。

（9）将椭圆的轮廓色设置为蓝色（C：100；M：9；Y：0；K：5）。

（10）单击属性栏中的"弧形"按钮，将椭圆变为弧形，然后使用形状工具对断点进行调整，如图 1-64 所示。

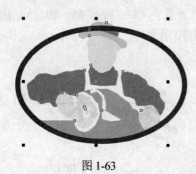

图 1-63　　　　　　　　　　　　　　　　　　图 1-64

### 1.4.2 制作变形文字

（1）使用文本工具在页面中输入"美味快餐"，在属性栏中的"字体列表"中将其设置为"隶书"，如图 1-65 所示。

（2）按"Ctrl+K"组合键将文字进行拆分，然后选中"美"和"味"字，按"Ctrl+Q"组合键对其进行转曲。使用形状工具选择"美"字下面的一捺，按"Delete"键将其删除，如图 1-66 所示。

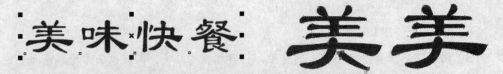

图 1-65　　　　　　　　　　　　　　　　　图 1-66

（3）使用贝塞尔工具勾勒出圆滑的一捺，将其填充为红色，放置于"美"字下面，然后对其进行群组，如图 1-67 所示。

（4）将群组后的"美"字进行旋转，再将"味"字缩小放置于红色的一捺上面，如图 1-68 所示。

图 1-67　　　　　　　　　　　　　　　　　图 1-68

（5）使用形状工具选中"味"字中间一横后面的两个节点，然后按住"Shift"键水平拖动，使其变长。

（6）选择"快"和"餐"文字，在属性栏中设置其字体为"汉仪娃娃篆简"。

（7）将"快"字进行旋转和缩小，然后调整"快"和"餐"字，将其放置于图中如图 1-69 所示的位置。

（8）选择"快"和"餐"文字，分别将其填充为蓝色（C: 100; M: 10; Y: 0; K: 5）和橙色（C: 0; M: 50; Y: 100; K: 0），如图 1-70 所示。

图 1-69　　　　　　　　　　　　　　　　　图 1-70

（9）按 "Ctrl+G" 组合键将制作的变形文字群组，并将其放置于绘制的卡通人物图形下方，如图1-71所示。

（10）使用贝塞尔工具勾勒出弯曲的线条，将其填充为褐色（C: 0; M: 25; Y: 100; K: 15），并去除轮廓色。然后将其置于文字的下方，并适当调整，如图1-72所示。

图1-71

图1-72

## 1.4.3　制作标志外框

（1）使用矩形工具绘制一个矩形，然后使用形状工具拖动矩形的角节点，使其成为圆角矩形，如图1-73所示。

（2）双击状态栏底部的 "轮廓色" 色块■，打开 "轮廓笔" 对话框，在对话框中设置轮廓颜色为橙色（C: 0; M: 50; Y: 100; K: 0），在 "宽度" 下拉列表中输入 "1.5"，选中 ☑按图像比例显示(M) 复选框，单击 确定 按钮，如图1-74所示。

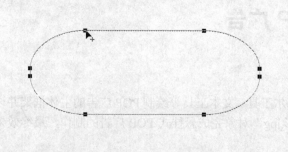
图1-73

图1-74

（3）此时得到设置了轮廓颜色和宽度的圆角矩形效果。

（4）使用矩形工具绘制一个矩形，然后使用形状工具拖动角节点成为圆角矩形，如图1-75所示。

（5）按照步骤2的方法为绘制的圆角矩形设置轮廓线属性。

（6）使用挑选工具框选绘制的两个圆角矩形，单击属性栏中的 "焊接" 按钮，将两个圆角矩形焊接，如图1-76所示。

提示　在对矩形的四个角进行圆角化处理时，除了可以拖动角节点绘制圆角矩形的方法外，还可以通过属性栏设置。

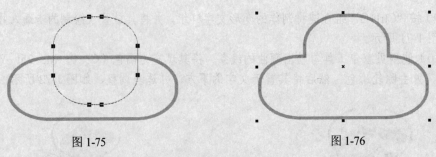

图 1-75                                                          图 1-76

（7）将焊接后的图形放置于前面制作的图形周围，如图 1-77 所示。

（8）使用前面讲解的方法绘制两个圆角矩形，将其放置于如图所示的位置，并分别填充为橙色和红色，完成标志的制作。按 "Ctrl+S" 组合键对制作好的标志进行保存，最终效果如图 1-78 所示。

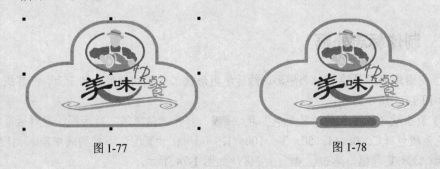

图 1-77                                                          图 1-78

# 1.5    制作悬挂式 POP 广告

## 实例目标

　　使用矩形工具、艺术笔工具、贝塞尔工具、文本工具等绘制 POP 广告的主体框架并设置主体框架的填充效果，然后导入 "唇彩.jpg" 对象完成悬挂式 POP 广告的制作，最终效果如图 1-79 所示。

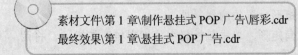
素材文件\第 1 章\制作悬挂式 POP 广告\唇彩.cdr
最终效果\第 1 章\悬挂式 POP 广告.cdr

图 1-79

**制作思路**

本例的制作思路如图 1-80 所示，涉及的知识点有矩形工具、"垂直居中对齐"命令、艺术笔工具、填充工具、贝塞尔工具、文本工具、"群组"命令以及轮廓工具的使用等，其中艺术笔工具和贝塞尔工具的使用是本例的重点内容。

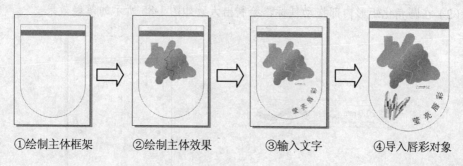

①绘制主体框架　　②绘制主体效果　　③输入文字　　④导入唇彩对象

图 1-80

**操作步骤**

## 1.5.1　绘制主体框架

（1）单击工具箱中的"矩形工具"按钮，切换为矩形工具，在绘图区中拖动鼠标绘制出一个矩形，在属性栏中的"对象的大小"数值框中设置矩形的长为 180mm，高为 250mm，如图 1-81 所示。

（2）通过属性栏设置矩形左下角和右下角的圆滑度为 100，效果如图 1-82 所示。

（3）使用矩形工具再绘制一个矩形，将其长设置为 180mm，高设置为 15mm。

（4）按空格键切换为挑选工具，按住"Shift"键单击圆角化后的矩形，选择【排列】/【对齐和分布】/【垂直居中对齐】命令，将矩形与圆角化的矩形垂直居中对齐。

（5）选取矩形，将它填充为红色并去除其轮廓，按住"Ctrl"键将其垂直上移至如图 1-83 所示的位置。

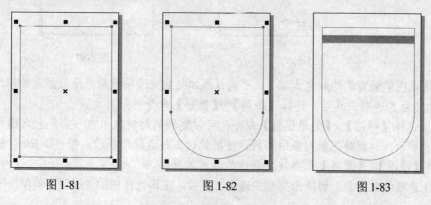

图 1-81　　　　　　　　图 1-82　　　　　　　　图 1-83

## 1.5.2 绘制主体效果

（1）切换为艺术笔工具，在属性栏中单击"预设笔触列表" 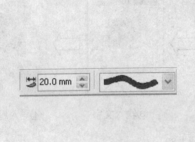，在弹出的下拉列表框中选择  选项，在"艺术笔工具宽度"数值框中输入 20 后，按 Enter 键完成笔触宽度的设置，如图 1-84 所示。

（2）在圆角化矩形内部拖动鼠标，绘制出大致如图 1-85 所示的笔触效果。

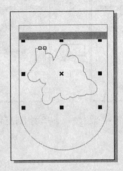

图 1-84                                         图 1-85

（3）接下来需要为笔触对象填充渐变颜色。单击工具箱中的"填充工具"按钮，在展开的"填充展开工具栏"中单击"渐变填充对话框"按钮，打开"渐变填充"对话框，设置为从黄色到红色的线性渐变。在"选项"栏的"角度"数值框中输入-45。在"颜色调和"栏中单击 按钮，如图 1-86 所示。

（4）完成后单击"确定"按钮去除笔触对象的轮廓，效果如图 1-87 所示。

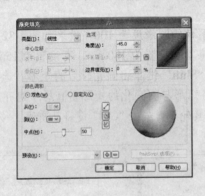

图 1-86                                         图 1-87

（5）现在笔触对象的颜色太浓了，可通过添加交互式透明效果来降低颜色的浓度，方法是切换为交互式透明工具后，选择【排列】/【拆分】命令拆分对象。

（6）选择【视图】/【简单线框】命令，可以发现笔触对象中有一条乱七八糟的线条，如图 1-88 所示。这就是笔触对象的路径，使用挑选工具选取路径后，按"Delete"键将它删除。选择【视图】/【增强】命令恢复最佳的显示效果。

（7）选取笔触对象，切换为交互式透明工具后，在属性栏中的"透明度类型"下拉列表框中选择"标准"选项，设置其透明度为 35，效果如图 1-89 所示。

图 1-88　　　　　　　　　　　图 1-89

（8）使用贝塞尔工具绘制如图 1-90 所示的对象。当效果不满意时可以使用形状工具进行修改，最后将对象的轮廓线宽设置为 1mm。

（9）使用贝塞尔工具绘制如图 1-91 所示的封闭对象，将其填充为紫色后去除其轮廓。切换为交互式透明工具后，在该对象右下角按住鼠标拖动至右上角的适当位置后释放鼠标，设置渐变透明效果，如图 1-92 所示。

图 1-90　　　　　　　　图 1-91　　　　　　　　图 1-92

（10）使用贝塞尔工具绘制如图 1-93 所示的开放曲线，在调色板 40%黑色色块上单击鼠标右键将其轮廓颜色填充为灰色。

（11）使用贝塞尔工具绘制如图 1-94 所示的对象作为上嘴唇，将其填充为红色并去除其轮廓，再绘制如图 1-95 所示的对象作为下嘴唇，将其填充为洋红色并去除其轮廓。

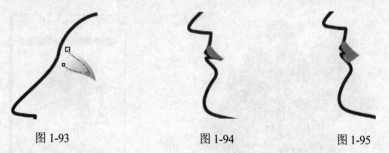

图 1-93　　　　　　　　图 1-94　　　　　　　　图 1-95

（12）切换为艺术笔工具，将笔宽度设置为 1mm，在属性栏的"预设笔触列表"下拉列表框中选择━━━━选项，绘制如图 1-96 所示的笔触对象，将其填充为 10%黑色后，将它移动至如图 1-97 所示的位置。

（13）框选如图 1-97 所示的对象，按 "Ctrl+G" 组合键将它们群组为一个对象，然后移动群组对象至如图 1-98 所示的位置。此时脸部的轮廓颜色较深，将其轮廓颜色填充为 10%黑色。

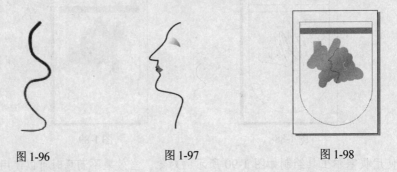

图 1-96　　　　　　　　　　图 1-97　　　　　　　　　　图 1-98

### 1.5.3　输入文字

（1）切换为文字工具，在绘图区中单击鼠标后输入美术字 "CBBAISSE"，设置其字体为 Arial，字体大小为 21。

（2）按 "Ctrl+K" 组合键将文字打散，选取文字 "BBAI" 并将其填充为 "C: 70，M: 0，Y: 0，K: 0" 所示的颜色，然后将它们缩小。将剩下的文字填充为红色，排列各文字对象，如图 1-99 所示。

（3）使用贝塞尔工具绘制一个与文字 "C" 粗细相同的对象，且对象连接着文字 C 和 S，将该对象填充为红色后去除其轮廓，如图 1-100 所示。

$$C^{BBAI}SSE \qquad C^{BBAI}SSE$$

图 1-99 　　　　　　　　　　　　　　图 1-100

（4）将文字对象群组后移至如图 1-101 所示的位置。

（5）使用文字工具输入美术字 "莹亮唇彩"，设置字体为 "黑体"，文字大小为 "50"。

（6）在挑选工具状态下选取文字，选择【文本】/【使文本适合于路径】命令，在圆角化的矩形上单击鼠标，使文字适合于圆角化的矩形，调整其位置，效果如图 1-102 所示。

图 1-101

图 1-102

### 1.5.4　导入唇彩对象

（1）选择【文件】/【导入】命令，打开"导入"对话框，选择文件名为"唇彩.cdr"的文件，单击"导入"按钮导入唇彩对象。

（2）等比例缩小唇彩对象至适当大小后，将其放置到圆角化矩形的左下角。莹光唇彩的 POP 广告绘制完成，最终效果如图 1-79 所示。

# 1.6　绘制卡通人物

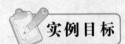
**实例目标**

利用贝塞尔工具、形状工具和椭圆工具绘制卡通人物的脸部、五官、头发和服装，然后利用交互式网状填充工具和交互式透明工具填充所绘对象的颜色，最终效果如图 1-103 所示。

最终效果\第 1 章\绘制卡通人物.cdr

图 1-103

**制作思路**

本例的制作思路如图 1-104 所示，涉及的知识点有手绘工具、贝塞尔工具、交互式网状填充工具、填充工具、椭圆工具、"变换"泊坞窗等，其中塞尔工具、形状工具和交互式网状填充工具的使用是本例的重点内容。

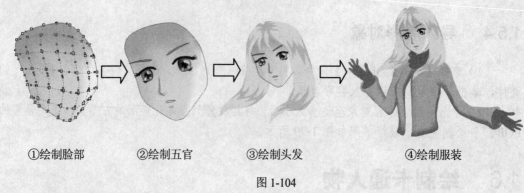

①绘制脸部        ②绘制五官        ③绘制头发        ④绘制服装

图 1-104

操作步骤

### 1.6.1　绘制脸部

（1）新建文件并单击工具属性栏中的"横向"按钮□将页面调整为横向。

（2）按住工具箱中的"手绘工具"按钮☜不放，在其展开的工具条中单击"贝塞尔工具"按钮☜，在页面中勾勒出脸部的大致轮廓，然后用形状工具将其修改为如图 1-105 所示的形状。

（3）按"Shift+F11"组合键打开"均匀填充"对话框，将脸部填充为"C: 2、M: 11、Y: 16、K: 0"的颜色，如图 1-106 所示。

图 1-105                        图 1-106

（4）按住工具箱中的"交互式填充工具"按钮☜不放，在展开的工具条中单击"交互式网状填充工具"按钮☷，将网格大小设为横 6 和竖 6，效果如图 1-107 所示。

（5）为脸部填充白色高光和渐粉色、弱粉色的阴影，如图 1-108 所示。

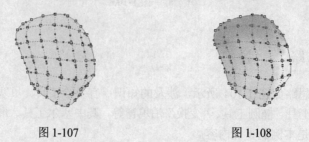

图 1-107                        图 1-108

## 1.6.2　绘制五官

（1）单击"贝塞尔工具"按钮，绘制眉毛和眼睛的轮廓，如图 1-109 所示。

（2）选中眉毛，单击调色板最下角的按钮，从展开的颜色中根据文字提示单击金色，再为睫毛填充黑色，效果如图 1-110 所示。

图 1-109　　　　　　　　　　　　　　　　图 1-110

（3）选中眼睛，单击工具箱中的"填充工具"，在其展开式的工具中单击"渐变填充对话框"按钮，打开"渐变填充"对话框，按如图 1-111 所示进行设置，单击"确定"按钮。

（4）单击工具箱中的"椭圆工具"按钮，在眼睛中画一个小圆并填充为黑色，作为瞳孔，如图 1-112 所示。

图 1-111　　　　　　　　　　　　　　　　图 1-112

（5）选中眉毛和整个眼睛部分，选择【排列】/【变换】/【比例】命令，在打开的"变换"泊坞窗中单击按钮后再单击"应用到再制"按钮，如图 1-113 所示，页面中就水平镜像复制了眉毛和整个眼睛部分。

（6）将眼睛稍微旋转后调整到脸部合适的位置，如图 1-114 所示。

图 1-113　　　　　　　　　　　图 1-114

（7）单击"贝塞尔工具"按钮，在眼睛中绘制几个不规则图形作为高光部分，填充为白色□，并用鼠标右键单击调色板上的无色按钮⊠，去除轮廓线。

（8）单击工具箱中的"交互式透明工具"按钮，分别对几个高光的图形进行透明处理，如图 1-115 所示。

（9）单击"贝塞尔工具"按钮，绘制出鼻子和嘴唇的轮廓，如图 1-116 所示。

图 1-115                    图 1-116

（10）单击"贝塞尔工具"按钮，绘制出鼻子和嘴唇的阴影，如图 1-117 所示。

（11）单击"交互式网状填充工具"按钮，为阴影填充渐粉和弱粉，并取消轮廓线，如图 1-118 所示。

图 1-117                    图 1-118

## 1.6.3　绘制头发

（1）单击"贝塞尔工具"按钮，绘制出头发的轮廓并用形状工具调整，为头发填充黄色，如图 1-119 所示。

图 1-119

（2）单击"贝塞尔工具"按钮 ✎，绘制出头发阴影的形状并用形状工具调整，为阴影填充深黄色并取消轮廓线，如图 1-120 所示。

（3）选中头发和阴影，按"Shift+PageDown"组合键将图形放到最下一层，如图 1-121 所示。

（4）单击"贝塞尔工具"按钮 ✎，绘制出刘海的轮廓及阴影，并填充和主要部分同样的颜色，取消轮廓线，如图 1-122 所示。

图 1-120　　　　　　　　　图 1-121　　　　　　　　　图 1-122

### 1.6.4　绘制服装

（1）单击"贝塞尔工具"按钮 ✎，绘制出围巾的轮廓，并填充为红色，如图 1-123 所示。

（2）绘制围巾的阴影部分，并填充为宝石红，取消轮廓线，如图 1-124 所示。

（3）单击"贝塞尔工具"按钮 ✎，绘制出衣服身体部分的轮廓，填充为粉色，并按"Shift+PageDown"组合键将图形放到最下一层，取消轮廓线，如图 1-125 所示。

图 1-123　　　　　　　　　图 1-124　　　　　　　　　图 1-125

（4）绘制右手的衣袖部分，并将其放置于身体部分下面，再绘制左手的衣袖部分，填充和主体部分一样的颜色，如图 1-126 所示。

（5）按住交互式"填充工具"按钮 ✎，在展开的工具条中单击"交互式网状填充工具"按钮 ✎，将衣服的阴影部分填充为洋红色，如图 1-127 所示。

（6）绘制一只带着手套的手，填充为红色并加上宝石红的阴影，再复制一个，翻转并旋转后放到另一只手的位置，如图 1-128 所示。

图 1-126         图 1-127         图 1-128

（7）为人物绘制外套内的衣服，并填充为黑色，最终效果如图 1-129 所示。

图 1-129

# 1.7　绘制装饰图案

**实例目标**

使用矩形工具、椭圆工具、排列工具、手绘工具、轮廓笔、旋转工具、镜像工具以及交互式调和工具绘制一个装饰图案，最终效果如图 1-130 所示。

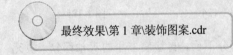

最终效果\第 1 章\装饰图案.cdr

图 1-130

## 制作思路

本例需要先绘制一个矩形背景图案，然后再制作环形和其内部的图案，最后主要利用贝塞尔工具绘制四周的花边图案即可。本例的制作思路如图 1-131 所示，涉及的知识点有绘制矩形、绘制环形图案和其他图案、绘制图案四周的花边、交互式调和工具的使用，以及镜像和旋转功能的应用，其中贝塞尔工具和交互式调和工具的使用是本例的重点内容。

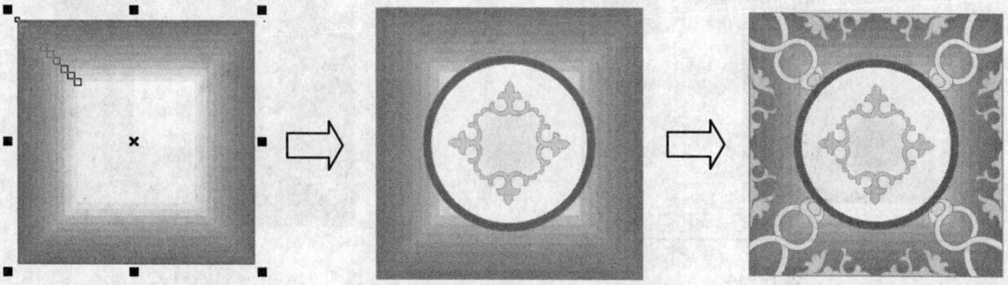

①图片背景的绘制　　②环形和图案的绘制　　③四周花边的绘制

图 1-131

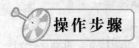

## 操作步骤

### 1.7.1　绘制图案背景

（1）启动 CorelDRAW X3，新建一个绘图文件，单击工具箱中的“矩形工具”按钮，按住“Ctrl”键不放绘制一个正方形。

（2）单击工具箱中的“挑选工具”按钮，切换为选择状态。

（3）按小键盘上的“+”键，复制一个正方形，然后按住“Shift”键，将光标移至正方形四个角的控制点上，当光标变为时，按住鼠标左键不放向中心拖动，当拖动至如图 1-132 所示大小后依次松开鼠标左键和“Shift”键。

（4）单击调色板上的白色颜色框将正方形填充为白色，再单击选择较大的正方形，然后按住工具箱中的“填充工具”按钮不放，在展开的展开工具条上单击“填充对话框”按钮，如图 1-133 所示，打开“均匀填充”对话框。

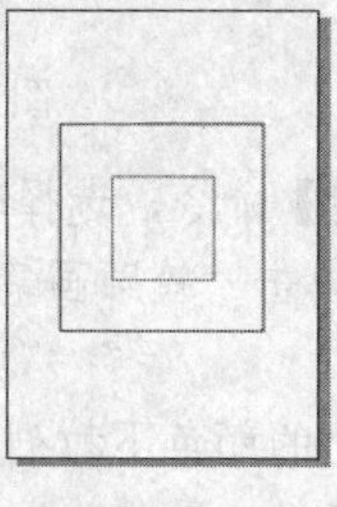

图 1-132

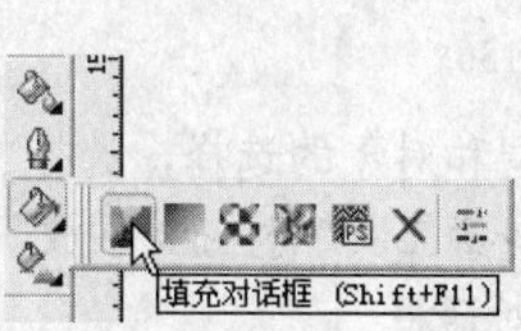


图 1-133

（5）在该对话框中进行如图 1-134 所示的设置。设置好后，单击"确定"按钮关闭对话框。

（6）单击工具箱中的"交互式调和工具"按钮，将光标放置在白色正方形上，按住鼠标左键拖向绿色的正方形，当变为如图 1-135 所示形状时，松开鼠标左键。为两个正方形进行调和操作。

图 1-134

图 1-135

（7）单击工具箱中的"挑选工具"按钮，切换为选择状态，取消选择后选择白色正方形，用鼠标右键单击调色板上的⊠按钮，去除其边框，效果如图 1-136 所示。

（8）因为只是将该调和对象作为背景，所以调和步数不必太多，框选所有对象，在其工具属性栏的数值框中将数值改为"8"，按"Enter"键。

（9）单击工具属性栏上的"顺时针调和"按钮，使之趋向于暖色调的调和。再单击"对象和颜色加速"按钮，在弹出的调和加速菜单中单击按钮，这样就可以分别调节对象和颜色的加速了。

（10）在该菜单中进行如图 1-137 所示的设置，然后单击右上方的✗按钮关闭该菜单，效果如图 1-138 所示。

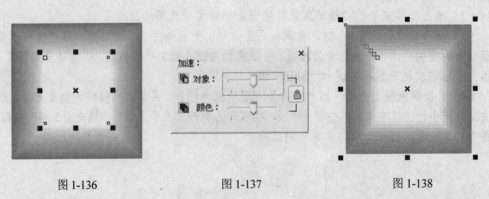

图 1-136         图 1-137         图 1-138

（11）取消调和对象的选择，选择【变量】/【简单框架】命令，选择较大的正方形，按住工具箱中的"轮廓工具"按钮不放，在展开的工具条上单击"轮廓画笔对话框"按钮，打开"轮廓笔"对话框。

（12）在该对话框中单击颜色下拉列表框，在弹出的颜色下拉列表框中选择红色，如图 1-139 所示。然后在宽度栏中输入"0.3"，如图 1-140 所示。最后单击"确定"按钮完成轮廓笔的设置。

（13）选择【变量】/【增强】命令，切换回增强显示模式，完成背图案的制作。

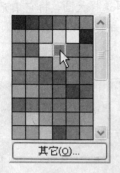

图1-139

图1-140

## 1.7.2 制作环形和图案

（1）单击工具箱中的"椭圆工具"按钮 ，按住"Ctrl"键，拖动鼠标绘制出一个正圆，如图1-141所示。

（2）按空格键切换回选择状态，按小键盘上的"+"键，复制出另一个圆，将光标移至四角任意一处，按住"Shift"键，按住鼠标向圆中心拖动，将复制出的圆向中心缩小，当缩小至适当比例后依次松开鼠标左键和"Shift"键，效果如图1-142所示。

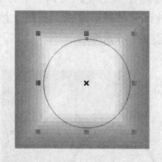

图1-141

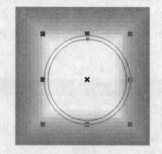

图1-142

（3）再次按小键盘上的"+"键，将缩小后的圆也复制出一个。

（4）按住"Shift"键，单击大圆将它加选，在工具属性栏上单击 按钮，对所选择的两个圆进行修剪，形成一个环形。

（5）按住工具箱中的"填充工具"按钮 不放，在展开的工具条上单击"填充对话框" ，在打开的"均匀填充"对话框中进行设置，将组件栏中的颜色值设为"C: 70; M: 60; Y: 0; K: 0"，然后单击"确定"按钮即可。

（6）按住工具箱中的"轮廓工具"按钮 不放，在展开的工具条上单击"轮廓画笔对话框"按钮 ，在打开的对话框中设置轮廓颜色为洋红，轮廓笔的宽度为"0.2"。设置完成后单击"确定"按钮。

（7）用鼠标拖动环形，将其移开一些位置，露出下面的正圆。选中它，将它再次复制后缩小，效果如图 1-143 所示。

（8）单击调色板上的黄颜色框将小圆填充为黄色，再选择大圆，将它填充为白色。按住 "Shift" 键将这两个圆都选择，用鼠标右键单击调色板上的⊠按钮，去除它们的轮廓，效果如图 1-144 所示。

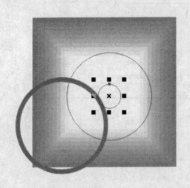

图 1-143

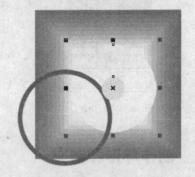

图 1-144

（9）单击工具箱中的 "交互式调和工具" 按钮 ，将光标移至黄色正圆上方，按住鼠标左键不放并拖至白色正圆时松开鼠标，对它们进行交互式调和。

（10）在其工具属性栏上的 数值框中将数值设置为 "6" 后按 "Enter" 键，将调和步数由 20 改为 6。

（11）按住 "Shift" 键加选环形，选择【排列】/【对齐和分布】/【对齐和分布】命令，在打开 "对齐与分布" 对话框中进行如图 1-145 所示的设置，然后单击 "应用" 按钮应用对齐效果，再单击 "关闭" 按钮将对话框关闭，效果如图 1-146 所示。

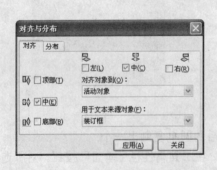

图 1-145

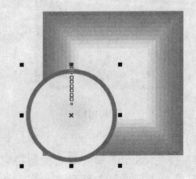

图 1-146

（12）选择【排列】/【群组】命令，将对齐后的形环和调和对象进行群组。按住 "Shift" 键加选正方形的调和对象，选择【排列】/【对齐和分布】/【对齐和分布】命令，进行如图 1-145 所示的设置，对齐后的效果如图 1-147 所示。

（13）可以看出正方形调和对象的调和颜色并不尽人意，选中白色矩形，按住 "Shift" 键将它向中心略缩小一些，如图 1-148 所示。调整调和对象后的效果如图 1-149 所示。

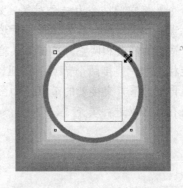

图 1-147　　　　　　　　　　　　图 1-148

（14）将光标放置在界面左边的标尺上，按住鼠标左键不放向绘图区中拖出一根垂直的辅助线，如果标尺没有显示出来，可以选择【视图】/【标尺】命令，将标尺显示出来。单击工具箱中的"缩放工具"按钮，将绘图区域适当放大。

（15）按住工具箱中的"手绘工具"按钮不放，在展开的工具条上单击"贝塞尔工具"按钮，选择【视图】/【贴齐辅助线】命令，这样可以使所绘制的曲线对齐辅助线，以方便绘制。

（16）在绘图区中绘制如图 1-150 所示的曲线图形，其中该曲线图形的起点和终点都应在辅助线上，以便于后面进行结合操作，并注意不要闭合该图形。

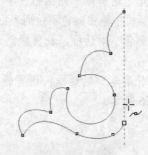

图 1-149　　　　　　　　　　　　图 1-150

（17）按空格键切换为选择状态，将光标移至曲线图形左边的中点上，如图 1-151 所示。按住"Ctrl"键，按下鼠标左键向右边拖动，如图 1-152 所示。保持鼠标左键不放，单击鼠标右键，再松开左键和"Ctrl"键，镜像复制出一个相同的曲线图形。

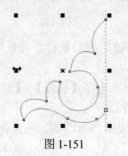
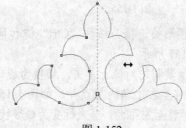

图 1-151　　　　　　　　　　　　图 1-152

（18）选择辅助线，按"Delete"键将它删除，框选如图 1-152 所示的图形，选择【排列】/

【结合】命令，将它们结合为一个对象，如图 1-153 所示。

（19）现在如果对结合后的图形进行填充，则会发现它将不会被填充，因为它不是闭合图形，需作适当的修改和调整。单击工具箱中的形状工具，框选该图形最上方的节点，单击工具属性栏上的"连接两个节点"按钮，将框选的两个节点合并为一个节点。

（20）再框选下方交接处的节点，如图 1-154 所示。用同样的方法将所选节点合并为一个节点，现在就可以进行填充了。

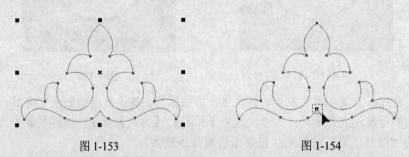

图 1-153                                    图 1-154

（21）按空格键切换为选择状态。按住工具箱中的填充工具不放，在展开的工具条上单击"填充对话框"，在打开的"均匀填充"对话框中将颜色设置为"C: 23; M: 0; Y: 0; K: 0"，然后单击"确定"按钮关闭对话框，效果如图 1-155 所示。

（22）按住工具箱中的"轮廓工具"按钮不放，在展开的工具条上单击"轮廓画笔对话框"按钮，打开"轮廓笔"对话框。

（23）在该对话框中单击颜色下拉列表框，在弹出的颜色列表中单击下方的"其他"按钮，打开"选择颜色"对话框，设置颜色为"C: 55; M: 5; Y: 0; K: 0"，单击"确定"按钮即可。

（24）返回"轮廓笔"对话框，设置轮廓笔的宽度为"0.4"。设置完后单击"确定"按钮，效果如图 1-156 所示。

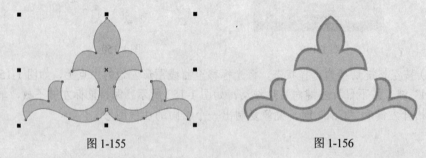

图 1-155                                    图 1-156

（25）确认图形被选择，按住"Ctrl"键和鼠标右键，拖动鼠标，将该图形向下镜像复制，效果如图 1-157 所示。

（26）在镜像复制的对像上单击，切换为旋转状态，选择【视图】/【贴齐对象】命令，将旋转中心点移至右上角的节点处，如图 1-158 所示。

（27）将光标移至左下角，当光标变为形状时，按住"Ctrl"键，将它旋转至如图 1-159所示的效果。

（28）再次将该图形向左镜像复制，将旋转中心点移至右下角的节点处，并将它旋转至如图 1-160 所示的效果。

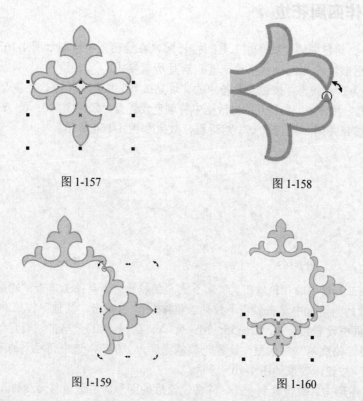

图 1-157　　　　　　　　　　　　　图 1-158

图 1-159　　　　　　　　　　　　　图 1-160

（29）将选择的对象再向上镜像复制，并将旋转中心点⊙移至左上角的节点处，将图形旋转为如图 1-161 所示的效果。

（30）将图 1-161 所示的对象框选，选择【排列】/【群组】命令，将它们群组。

（31）缩小显示比例，按住 "Shift" 键加选正方形调和对象，选择【排列】/【对齐和分布】/【对齐和分布】命令，打开 "对齐与分布" 对话框，在该对话框中选中 ☑中(C)复选框和 ☑中(E)复选框，单击 "应用" 按钮后再单击 "关闭" 按钮，关闭 "对齐与分布" 对话框。效果如图 1-162 所示。

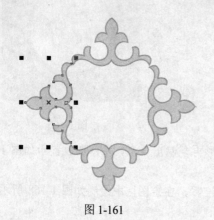

图 1-161

图 1-162

### 1.7.3　制作四周花边

（1）单击工具箱中的"贝塞尔工具"按钮，在绘图区中绘制如图 1-163 所示的图形，绘制好后可以用形状工具进行修改，直到满足所需要求。

（2）切换为选择状态，按住工具箱中的"填充工具"按钮不放，在展开的工具条上单击"填充对话框"按钮，在打开的对话框中将颜色设置为"C: 23; M: 0; Y: 0; K: 0"，单击"确定"按钮关闭"均匀填充"对话框，效果如图 1-164 所示。

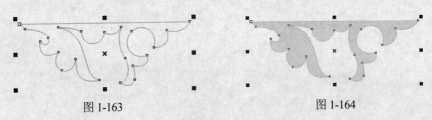

图 1-163　　　　　　　　　　　　图 1-164

（3）按住工具箱中的"轮廓工具"不放，在展开的工具条上单击"轮廓画笔对话框"按钮，在打开的对话框中单击颜色下拉列表框，再单击"其他"按钮。在打开的"选择颜色"对话框中设置颜色为"C: 55; M: 5; Y: 0; K: 0"，单击"确定"按钮即可。

（4）返回"轮廓笔"对话框，设置轮廓笔宽度为"0.4"，选中角栏下的 ⊙ ◠ 单选项，再单击"确定"按钮，效果如图 1-165 所示。

（5）将该图形向右镜像复制一个，并将镜像后的图形向右适当移动少许，框选这两个图形，将它们群组。按住"Shift"键加选正多边形调和对象，选择【排列】/【对齐和分布】/【垂直居中对齐】命令，将它们在垂直中心进行对齐。

（6）选择群组后的图形，按键盘上的向下方向键"↓"，将该图形微调至如图 1-166 所示的位置。

图 1-165　　　　　　　　　　　　图 1-166

（7）通过镜像复制和旋转的方法将该图形再复制出 3 个，并分别放置于如图 1-167 所示的位置。

（8）单击工具箱中的"贝塞尔工具"按钮，在绘图区中绘制如图 1-168 所示的图形，然后切换为选择状态。

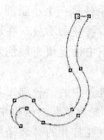

图 1-167　　　　　　　　　　　　　　图 1-168

（9）单击调色板上的黄色颜色框将刚绘制的图形填充为黄色，再用鼠标右键单击红色将轮廓改为红色。

（10）按住"Ctrl"键，将所绘制的图形进行向左的镜像复制，效果如图 1-169 所示。在其工具属性栏的旋转角度数值框 中输入"90"，然后按"Enter"键将复制的对象进行旋转，最后按住鼠标左键不放，将镜像复制的对像拖至如图 1-170 所示的位置。

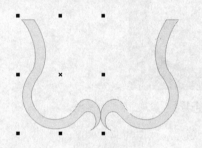

图 1-169　　　　　　　　　　　　　　图 1-170

（11）将如图 1-170 所示的图形进行框选，选择【排列】/【群组】命令，将它们群组。连续按小键盘上的"+"键 3 次，复制出 3 个相同的图形，再将它们分别移至如图 1-171 所示的位置。

（12）单击工具箱中的"椭圆工具"按钮 ，按住"Ctrl"键，在绘图区中绘制一个正圆。单击调色板上的黄色颜色框将它填充为黄色，再用鼠标右键单击红颜色框将其轮廓改为红色。在工具属性栏上的轮廓宽度下拉列表框 中输入"0.3"。

（13）按住小键盘上的"+"键，将小正圆复制出 7 个，放置在如图 1-172 所示的位置。

图 1-171　　　　　　　　　　　　　　图 1-172

（14）选中其中任意一个小正圆，按小键盘上的"+"键复制出另一个，然后按住工具箱中的"填充工具"按钮不放，在展开的工具条上单击"填充对话框"按钮，在打开的"均匀填充"对话框中设置填充颜色为"C：75；M：55；Y：0；K：0"，然后单击"确定"按钮即可。

（15）按住工具箱中的"轮廓工具"按钮不放，在展开的工具条上单击"轮廓画笔对话框"按钮，在"轮廓笔"对话框中单击颜色下拉列表框，在弹出的颜色下拉列表中单击"其他"按钮，在打开的"选择颜色"对话框中设置轮廓颜色为"C：25；M：70；Y：0；K：0"。然后单击"确定"按钮关闭"选择颜色"对话框，返回至"轮廓笔"对话框，再单击"确定"按钮即可。

（16）按小键盘上的"+"键 3 次，将小圆形复制出 3 个，用鼠标分别将它们拖至如图 1-173 所示的位置，至此，图案制作完成。

图 1-173

# 1.8　绘制银灰色手机

实例目标

利用贝塞尔工具、形状工具、填充工具、交互式阴影工具、交互式调和工具等制作出手机的屏幕、操作键和数字键，并导入"人物"图片制作手机屏幕，然后再导入"水滴"图片制作海报背景，最终效果如图 1-174 所示。

素材文件\第 1 章\绘制银灰色手机\人物.jpg…
最终效果\第 1 章\绘制银灰色手机.cdr

图 1-174

制作思路

　　本例的制作思路如图 1-175 所示，涉及的知识点有贝塞尔工具、形状工具、填充工具、交互式阴影工具、交互式调和工具、矩形工具、"放置在容器中"命令等知识，其中贝塞尔工具和填充工具的使用是本例的重点内容。

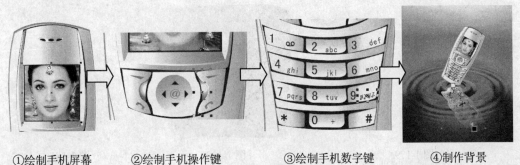

①绘制手机屏幕　　　②绘制手机操作键　　　③绘制手机数字键　　　④制作背景

图 1-175

操作步骤

## 1.8.1　绘制手机屏幕

　　（1）新建一个图形文件，单击工具箱中的"贝塞尔工具"按钮，在页面中绘制手机的轮廓，再单击工具箱中的"形状工具"按钮，调整其形状，效果如图 1-176 所示。

　　（2）单击工具箱中的"挑选工具"按钮，选中手机轮廓，再按住工具箱中的填充工具不放，在其展开的工具条中单击"渐变填充对话框"按钮，打开"渐变填充"对话框，设置从 10%黑到 30%黑的颜色渐变，如图 1-177 所示。

　　（3）单击"确定"按钮，再单击调色板中的 10%黑，效果如图 1-178 所示。

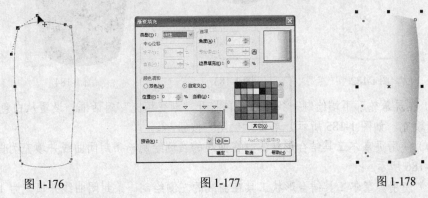

图 1-176　　　　　　　　　图 1-177　　　　　　　　　图 1-178

　　（4）将手机轮廓向左复制一个，再使用挑选工具将其等比例拉大，如图 1-179 所示。

单击调色板中的 70%黑，再单击 20%黑，单击工具箱中的"交互式调和工具"按钮，在原手机轮廓上按住鼠标不放并向复制出的手机轮廓拖动，创建调和效果，如图 1-180 所示。

（5）使用挑选工具选中复制的手机轮廓，并按"Shift+PageDown"组合键将其移到最下层，再选择渐变手机轮廓，再按"C"键和"E"键，中心对齐两个手机轮廓，如图 1-181 所示。

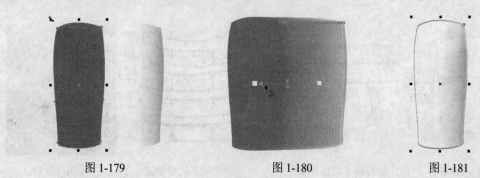

图 1-179            图 1-180            图 1-181

（6）使用贝塞尔工具在手机的左侧绘制一条曲线，并使用形状工具调整其形状，再在调色板中将其轮廓颜色填充为 20%黑，然后在手机轮廓右侧绘制对称的一条曲线，效果如图 1-182 所示。

（7）使用贝塞尔工具结合形状工具在手机上方绘制一条封闭的曲线，将其填充为黑色，作为屏幕轮廓，效果如图 1-183 所示。

（8）使用贝塞尔工具结合形状工具沿屏幕的右侧绘制一个封闭曲线，并填充为黑色，如图 1-184 所示。

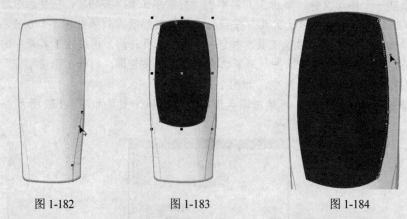

图 1-182          图 1-183          图 1-184

（9）在屏幕轮廓下端绘制一条曲线，再打开"渐变填充"对话框，设置从白色到 20%黑的渐变填充，如图 1-185 所示，单击"确定"按钮。

（10）使用贝塞尔工具结合形状工具在曲线的右侧绘制一条封闭曲线并填充为白色，效果如图 1-186 所示。

（11）使用贝塞尔工具结合形状工具在曲线的左侧绘制一条封闭曲线并填充为 10%黑，效果如图 1-187 所示。

图 1-185　　　　　　　　　图 1-186　　　　　　　　　图 1-187

（12）使用贝塞尔工具结合形状工具在图 1-187 所示的曲线上绘制一条封闭曲线，注意二者之间边缘的重叠，再打开"渐变填充"对话框，设置从白色到 20％黑的渐变填充。

（13）单击"确定"按钮，效果如图 1-188 所示。使用贝塞尔工具和形状工具在屏幕中绘制一个听筒轮廓并填充与图 1-188 所示的封闭曲线相同的颜色，效果如图 1-189 所示。

（14）选中听筒轮廓，按住工具箱中的"轮廓工具"按钮 不放，在展开的工具条中单击"轮廓画笔对话框" ，打开"轮廓笔"对话框，将宽度设置为"0.7mm"，在"颜色"下拉列表框中选择"50%黑"，效果如图 1-190 所示。

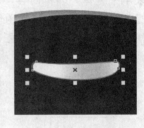

图 1-188　　　　　　　　　图 1-189　　　　　　　　　图 1-190

（15）使用贝塞尔工具结合形状工具在听筒上绘制 3 个封闭的曲线，并填充为黑色，效果如图 1-191 所示。

（16）在屏幕轮廓上绘制一条曲线，注意线条应与各边缘重叠，再打开"渐变填充"对话框，设置从 30%黑到白色的渐变填充，如图 1-192 所示，单击"确定"按钮，效果如图 1-193 所示。

图 1-191　　　　　　　　　图 1-192　　　　　　　　　图 1-193

（17）选中图 1-193 所示的曲线，按 "Ctrl+PageDown" 组合键，将其移到听筒的下方，如图 1-194 所示。

（18）单击工具箱中的 "矩形工具" 按钮▢，在图 1-194 所示的曲线上绘制一个矩形，并填充为白色，将其轮廓线设置为 "0.7mm"，效果如图 1-195 所示。

（19）单击工具属性栏中的▣按钮，导入一幅人物图像，如图 1-196 所示。

图 1-194

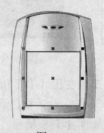
图 1-195

图 1-196

（20）选择【效果】/【图框精确剪裁】/【放置在容器中】命令，将光标移到矩形上，当光标变为➡形状时，如图 1-197 所示，单击矩形即可将图像置入矩形中。

（21）此时被放置在矩形图形中的图像被遮盖，可在矩形上单击鼠标右键，然后在弹出的快捷菜单中选择 "编辑内容" 命令，图像效果如图 1-198 所示。

（22）在矩形中调整人物图像的位置和大小，当达到所需效果后再单击鼠标右键，在弹出的快捷菜单中选择 "结束编辑此级别" 命令，效果如图 1-199 所示。

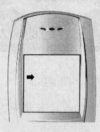
图 1-197

图 1-198

图 1-199

## 1.8.2　绘制手机操作键

（1）使用贝塞尔工具结合形状工具在屏幕下端绘制一条封闭曲线，将其填充为 10%黑，效果如图 1-200 所示。

（2）单击工具箱中的 "椭圆工具" 按钮◯，在曲线上绘制一个正圆，打开 "渐变填充" 对话框，设置从 20%黑到白色的渐变填充，如图 1-201 所示。

（3）单击 "确定" 按钮，用鼠标右键单击调色板中的白色，在工具属性栏中将轮廓宽度设置为 "0.15"，单击工具箱中的 "文本工具" 按钮✍，在正圆上输入符号 "@"，字体设置为黑体，并填充为红色，然后在符号 "@" 的四周绘制如图 1-202 所示的方向箭头。

图 1-200

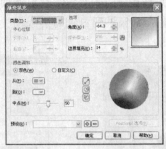
图 1-201

图 1-202

（4）使用贝塞尔工具结合形状工具在正圆左侧绘制一条封闭曲线，并填充为 10%黑，如图 1-203 所示。

（5）在图 1-203 所示曲线右侧凹进部分绘制一条曲线，打开"渐变填充"对话框，设置从 60%黑到白色的射线渐变效果，如图 1-204 所示。

图 1-203

图 1-204

（6）单击"确定"按钮，并去除其轮廓线，使用贝塞尔工具在左侧绘制一个标志，并将其填充为红色，效果如图 1-205 所示。

（7）使用贝塞尔工具结合形状工具在红色标志下方绘制一个电话符号，并填充为绿色，如图 1-206 所示。

（8）使用贝塞尔工具结合形状工具在正圆右侧绘制一条封闭曲线，打开"渐变填充"对话框，设置从 60%黑到白色的渐变效果，如图 1-207 所示。

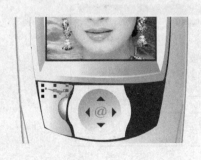
图 1-205

图 1-206

图 1-207

（9）单击"确定"按钮，效果如图 1-208 所示，在右侧曲线的凹部绘制一条封闭曲线，并打开"渐变填充"对话框，设置从 60%黑到白色的射线渐变效果，如图 1-209 所示。

图 1-208

图 1-209

（10）单击"确定"按钮，效果如图 1-210 所示，在右侧曲线上绘制一个标志和电话图像，并填充为红色，再使用贝塞尔工具沿左侧轮廓绘制一条曲线，并填充为白色，效果如图 1-211 所示。

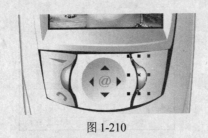

图 1-210

图 1-211

### 1.8.3　绘制手机数字键

（1）使用贝塞尔工具结合形状工具在手机中间部分下方绘制一个曲线并填充为黑色，作为数字键的背景，如图 1-212 所示。

（2）使用贝塞尔工具结合形状工具在数字键的背景处绘制两条曲线，打开"渐变填充"对话框，设置从白色到 20%黑的渐变填充，如图 1-213 所示。

图 1-212

图 1-213

（3）单击"确定"按钮，效果如图 1-214 所示，在数字键背景的左上角绘制"1"键，再打开"渐变填充"对话框，设置从白色到 20%黑的渐变填充，如图 1-215 所示。

图 1-214

图 1-215

（4）单击"确定"按钮，再绘制"1"键的投影曲线，如图 1-216 所示。

（5）选中"1"键的投影曲线，打开"渐变填充"对话框，设置从 60%黑到白色的渐变填充，如图 1-217 所示。

（6）单击"确定"按钮，去除轮廓线，效果如图 1-218 所示。

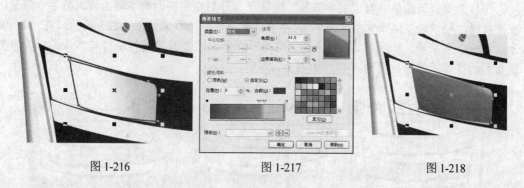

图 1-216                    图 1-217                    图 1-218

（7）选中投影，按"Ctrl+PageDown"组合键将其移到下一层，如图 1-219 所示。再使用贝塞尔工具结合形状工具绘制"2"键，并填充从 20%黑到白色的渐变填充，效果如图 1-220 所示。

图 1-219                              图 1-220

（8）在"2"键的右侧绘制"3"键，再打开"渐变填充"对话框，设置从白色到 20%黑的渐变填充，单击"确定"按钮，效果如图 1-221 所示。

（9）使用贝塞尔工具结合形状工具绘制"3"键的投影曲线，打开"渐变填充"对话框，设置从70%黑到20%黑的渐变填充，如图1-222所示。单击"确定"按钮，去除其轮廓线，效果如图1-223所示。

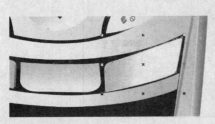  

图1-221        图1-222        图1-223

（10）选中"3"键投影，按"Ctrl+PageDown"组合键将其移到"3"键的下方，并将其轮廓填充为10%黑。再使用贝塞尔工具结合形状工具绘制其他的数字键并进行颜色填充，如图1-224所示。

（11）单击工具箱中的"文本工具"按钮✍，分别在绘制的数字键上输入数字和符号，在工具属性栏中将字体设置为"黑体"，字号设置为"8"，效果如图1-225所示。在"1"键上绘制一个圆符号，然后在其他键上输入字母和符号，在工具属性栏中将其字体设置为与数值相同的字体，字号设置为"4"，如图1-226所示。

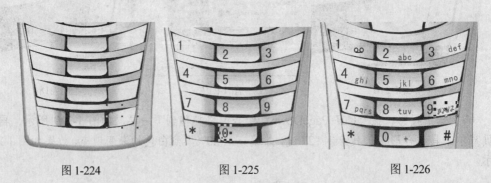

图1-224        图1-225        图1-226

### 1.8.4    制作背景

（1）单击工具属性栏中的▣按钮，导入"水滴.jpg"图像，此时的图像色调比较暗，选择【效果】/【调整】/【调合曲线】命令，打开"调合曲线"对话框，将曲线向下拖动，如图1-227所示。

（2）单击"确定"按钮，图像色调效果如图1-228所示，将绘制的手机图形全部选择，按"Ctrl+G"组合键群组，再使用挑选工具将其移到水滴图像并旋转一定的角度，如图1-229所示。

图 1-227

图 1-228

图 1-229

（3）选择手机图形，按 "+" 键将其复制一个，再单击工具属性栏中的 ⬟ 按钮，将其垂直翻转。选择【位图】/【转换为位图】命令，打开 "转换为位图" 对话框，其设置如图 1-230 所示。

（4）单击 "确定" 按钮，将手机图形转换为位图，效果如图 1-231 所示。

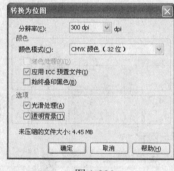

图 1-230

图 1-231

（5）选择【位图】/【扭曲】/【龟纹】命令，打开 "龟纹" 对话框，拖动 "周期" 和 "振幅" 滑块，按如图 1-232 所示进行设置。单击 "预览" 按钮 🖼，再单击 "确定" 按钮，效果如图 1-233 所示。

（6）单击工具箱中的 "交互式透明工具" 按钮 🖌，将光标移到下方手机图像上按住不放再向下拖动，为其创建透明效果，效果如图 1-234 所示。

（7）按空格键切换到挑选工具，将光标移到下方手机上将其长度缩短，完成手机的制作，最终效果如图 1-174 所示。

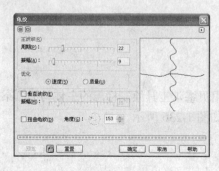

图 1-232

图 1-233

图 1-234

# 1.9　课后练习

根据本章所学内容，动手完成以下实例的制作。

### 练习 1　标注房屋平面图

根据提供的素材，使用度量工具进行标注。注意垂直和水平度量标注线的切换，标注数值精确到小数点后两位，单位设置为隐藏。完成后的效果如图 1-235 所示。

素材文件\第 1 章\课后练习\标注房屋平面图\房屋平面图.cdr

最终效果\第 1 章\课后练习\标准房屋平面图.cdr

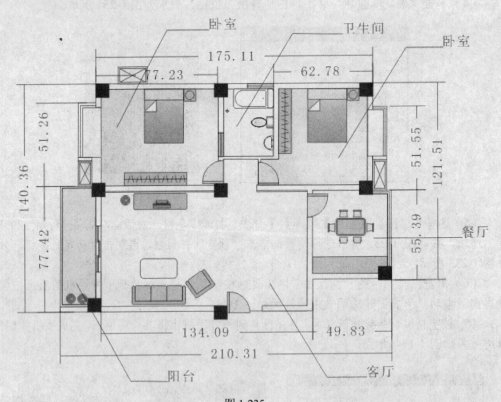

图 1-235

### 练习 2　绘制公司标志图形

运用椭圆工具绘制圆形背景和弧形图案，再使用贝塞尔工具绘制标志的主体鸟形图案，最后利用填充工具对图案进行填充。完成后的效果如图 1-236 所示。

最终效果\第 1 章\课后练习\公司标志图形.cdr

图 1-236

### 练习 3　制作数码相机海报

使用贝塞尔工具结合形状工具绘制相机各部分，再使用填充工具填充其颜色，然后使用矩形工具绘制背景并填充为蓝色，最后使用文本工具添加相关的文字内容。制作如图 1-237 所示的数码相机海报。

最终效果\第 1 章\课后练习\数码相机海报.cdr

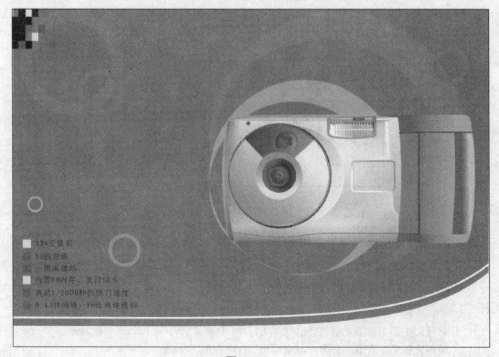

图 1-237

### 练习4  制作自习须知 POP 广告

运用文本工具在图像中分别输入标题和正文，再运用手绘工具等绘制装饰图像，最后导入卡通图像。完成后的效果如图 1-238 所示。

素材文件\第 1 章\课后练习\制作自习须知广告\卡通图案.cdr
最终效果\第 1 章\课后练习\自习须知广告.cdr

图 1-238

### 练习5  制作"味美料理"宣传 POP 广告

运用文本工具、贝塞尔工具、填充工具、"页面设置"命令、"导入"命令等操作，制作如图 1-239 所示的"味美料理"POP 宣传广告。

素材文件\第 1 章\课后练习\制作"味美料理"POP 广告\卡通 1.cdr、卡通 2.cdr
最终效果\第 1 章\课后练习\"味美料理"POP 宣传广告.cdr

图 1-239

**练习 6　绘制放大镜**

运用椭圆工具、矩形工具、贝塞尔工具、交互式立体化工具、交互式透明工具、填充工具、"渐变填充"命令、复制命令等操作，制作如图 1-240 所示的放大镜。

最终效果\第 1 章\课后练习\绘制放大镜.cdr

图 1-240

**练习 7　绘制蜜蜂图形**

运用椭圆工具、交互式调和工具、贝塞尔工具、线条工具、"转曲"命令等进行操作，制作如图 1-241 所示的蜜蜂图形。

最终效果\第 1 章\课后练习\绘制蜜蜂图形.cdr

图 1-241

**练习 8　绘制脸谱**

先使用贝塞尔工具和形状工具绘制脸谱轮廓及填充脸谱颜色，再使用矩形工具创建脸谱背景，用交互式阴影工具制作脸谱阴影，最后使用文本工具输入文字。完成制作后的效果如图 1-242 所示。

最终效果\第 1 章\课后练习\绘制脸谱.cdr

图 1-242

### 练习 9　绘制水底生物图

本例运用贝塞尔工具、形状工具、填充工具、交互式阴影工具、"渐变填充"命令、输入文字工具等绘制如图 1-243 所示的水底生物图。

 最终效果\第 1 章\课后练习\水底生物图.cdr

图 1-243

### 练习 10　绘制 MP3 播放器

运用贝塞尔工具、形状工具、填充工具、交互式网状工具等操作制作如图 1-244 所示的 MP3 播放器。

 最终效果\第 1 章\课后练习\MP3 播放器.cdr

图 1-244

**练习 11 绘制男女服饰**

使用贝塞尔工具、填充工具、椭圆工具、矩形工具、形状工具、文本工具等操作制作如图 1-245 所示的男女服饰。

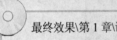
最终效果\第 1 章\课后练习\绘制男女服饰.cdr

图 1-245

**练习 12　绘制接待室效果**

使用矩形工具、贝塞尔工具、线条、填充工具、复制命令、镜像等操作制作如图 1-246 所示的接待室效果。

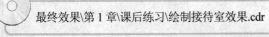

最终效果\第 1 章\课后练习\绘制接待室效果.cdr

图 1-246

**练习 13　制作车身侧面广告效果**

使用贝塞尔工具、渐变填充、矩形工具、椭圆工具、形状工具、文本工具、复制和镜像等操作制作如图 1-247 所示的车身侧面广告效果。

最终效果\第 1 章\课后练习\车身侧面广告效果.cdr

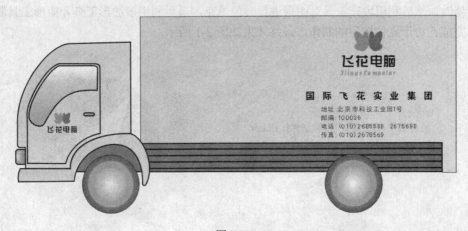

图 1-247

# 第 2 章

# 绘制基本图形

　　绘制基本图形包括使用矩形工具、椭圆工具、多边形工具、螺纹工具等绘制几何图形，以及使用基本形状工具组绘制各种基本形状等。本章将以 7 个制作实例来介绍 CorelDRAW X3 中绘制基本图形的相关操作，并将涉及填充图形和轮廓颜色等操作。

## 本章学习目标：
- 制作八边形立体按钮
- 制作春节贺卡
- 制作手提袋
- 制作寻狗启事广告
- 绘制鲜花
- 制作 5 月份的挂历
- 制作生日贺卡

## 2.1　制作八边形立体按钮

**实例目标**

　　先利用多边形工具绘制按钮，复制缩小后利用工具属性栏上的"转换曲线为直线"按钮进行修改，然后利用填充工具对图形进行颜色填充，最后利用多边形工具和矩形工具制作箭头，完成八边形立体按钮的制作，最终效果如图 2-1 所示。

 最终效果\第 2 章\八边形立体按钮.cdr

图 2-1

制作思路

本例的制作思路如图 2-2 所示，涉及的知识点有多边形工具、形状工具、"转换为曲线"命令、均匀填充工具、焊接命令等，其中形状工具的使用和曲线上节点的编辑是本例的重点内容。

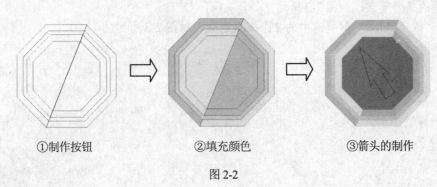

①制作按钮     ②填充颜色     ③箭头的制作

图 2-2

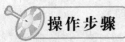操作步骤

## 2.1.1　制作按钮

（1）打开 CorelDRAW X3，新建一个绘图文件，单击工具箱中的"多边形工具"按钮，在工具属性栏上多边形上的点数数值框中输入"8"。按住"Ctrl"键在绘图区绘制出一个正八边形，如图 2-3 所示。

（2）在工具属性栏的旋转角度文本框中输入"67.5"，将八边形进行 67.5° 的旋转，此时八边形最上边的一条边是水平的，效果如图 2-4 所示。

（3）确认八边形被选择，将光标移至四角控制点的任意一个点上，当光标变为↗或↘形状时，按住"Shift"键，再按住鼠标左键向内拖动至适当的位置时，在保持鼠标左键不放的情况下单击鼠标右键一次，再依次松开鼠标左键和"Shift"键，即可复制出一个向中心缩小的八边形，如图 2-5 所示。

图 2-3          图 2-4          图 2-5

（4）按步骤（3）再缩小复制出两个八边形，如图 2-6 所示。

（5）单击工具箱中的"挑选工具"按钮![icon]，切换为选择状态，选择最大的八边形，选择【排列】/【转换为曲线】命令，或直接单击工具属性栏上的"转换为曲线"按钮![icon]。将八边形转换为可编辑的曲线。

（6）按小键盘上的"+"键一次，在原位复制出一个八边形。单击工具箱中的"形状工具"按钮![icon]，这时，光标变为![icon]形状，此时可以对八边形的每一个节点进行单独的调节，框选右下角的7个节点，如图2-7所示。

（7）按"Delete"键将选中的7个节点删除，如图2-8所示。

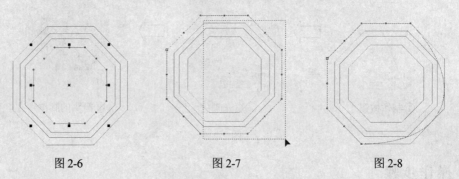

图2-6　　　　　　　　图2-7　　　　　　　　图2-8

（8）选择最下方的节点，单击工具属性栏上的"转换曲线为直线"按钮![icon]，将因删除节点而曲线化的那段线转换为直线，如图2-9所示。

（9）单击最下面的八边形，按照步骤（6）和（7）再次删除节点（不同的是这次选择的是左上方的7个节点），如图2-10所示。

（10）选择最上方的节点，按照步骤（8）将它也转换为直线。

（11）单击工具箱中的"挑选工具"按钮![icon]，选择第2层的八边形，按照步骤（5）至（12）进行同样的操作。至此，按钮部分制作完成，如图2-11所示。

图2-9　　　　　　　　图2-10　　　　　　　　图2-11

## 2.1.2　填充颜色

（1）选择最底层右下方的图形对象，单击调色板上的黄色颜色框，将该对象填充为黄色。

（2）选择最底层左上方的图形对象，按住工具箱中的"填充工具"按钮![icon]不放，在展开工具条上单击"填充对话框"按钮![icon]，打开"均匀填充"对话框，在该对话框中进行如

图 2-12 所示的设置。

（3）设置完成后，单击"确定"按钮关闭对话框，效果如图 2-13 所示。

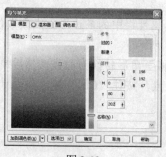

图 2-12

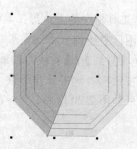

图 2-13

（4）选择第 3 层的八边形，按照步骤（3）中的方法打开"均匀填充"对话框，然后在该对话框中进行如图 2-14 所示的设置。设置完后单击"确定"按钮，为所选的对象填充上颜色。

（5）将光标移至最底层右下角的对象上，按住鼠标右键不放，拖至第 2 层左上方的对象边框上，到达如图 2-15 所示位置时，松开鼠标右键，在弹出的快捷菜单中选择"复制填充"命令，如图 2-16 所示，将最底层右下角对象的填充色复制给它。

（6）按照步骤（5）中的方法，将最底层左上方的填充色复制到第 2 层右下方的对象上。效果如图 2-17 所示。

（7）选择最上层的小八边形，单击调色板上的红色颜色框将其填充为红色，再全选所有的图形对象，用鼠标右键单击调色板上的⊠按钮去除所选对象的边框，如图 2-18 所示。

图 2-14

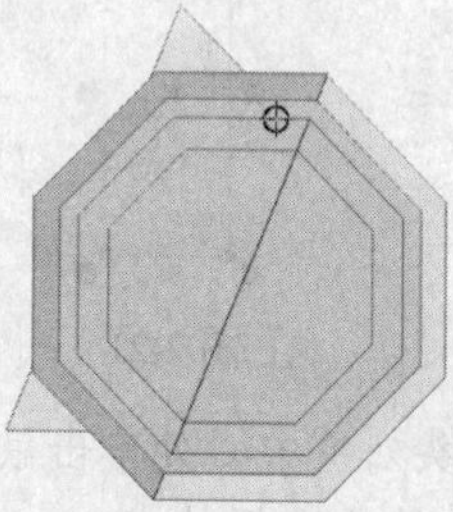

图 2-15

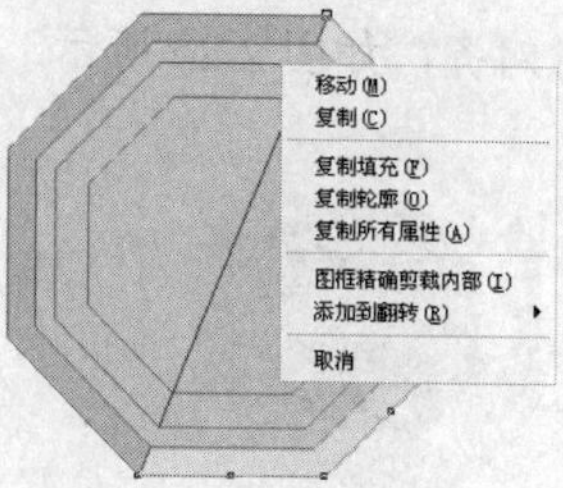

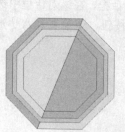

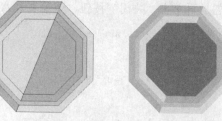

图 2-16

图 2-17

图 2-18

### 2.1.3　制作箭头

（1）单击工具箱中的多边形工具 ⚪，在工具属性栏中的多边形上点数数值框 ✿ 3 中输入 "3"，在绘图区中绘制一个三角形，如图 2-19 所示。

（2）选择【排列】/【转换为曲线】命令，将三角形转换为曲线，然后单击工具箱中的 "形状工具" 按钮 ⚫，选中三角形最下面中间的点，按住 "Ctrl" 键，拖动鼠标，向上移动一些距离，效果如图 2-20 所示。

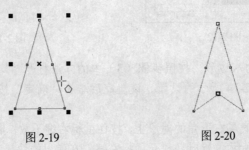

图 2-19　　　　　　　　　　图 2-20

（3）单击工具箱中的 "矩形工具" 按钮 ⬜，绘制如图 2-21 所示的矩形。按空格键切换为选择状态，按住 "Shift" 键加选修改后的三角形，选择【排列】/【对齐和分布】/【垂直居中对齐】命令，将它们在垂直中心进行对齐。

（4）按住 "Shift" 键将矩形移至三角形的下方，如图 2-22 所示。框选三角形和矩形，选择【排列】/【造形】/【焊接】命令，将它们焊接为一个箭头对象，如图 2-23 所示。

图 2-21　　　　　　图 2-22　　　　　　图 2-23

（5）在箭头对象中心处单击鼠标左键一次，切换为旋转状态，将它旋转为如图 2-24 所示形状，然后切换为选择状态。

（6）按住 "Shift" 键加选红色的八边形，选择【排列】/【对齐和分布】/【对齐和分布】命令，打开 "对齐与分布" 对话框，在该对话框中选中 ☑ 中ⓒ 复选框和 ☑ 中ⓔ 复选框，单击 "应用" 按钮后再单击 "关闭" 按钮，使箭头和八边形中心对齐，如图 2-25 所示。

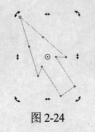

图 2-24　　　　　　　　　　图 2-25

（7）选择箭头对象，单击调色板上的白色颜色框将它填充为白色，再用鼠标右键单击⊠按钮去除其轮廓，至此，八边形立体按钮制作完成。最终效果如图 2-26 所示。

图 2-26

## 2.2　制作春节贺卡

**实例目标**

利用矩形工具、交互式调和工具、贝塞尔工具等绘制春节贺卡背景，然后输入文字，最后导入相关素材和绘制装饰图形，完成后的春节贺卡最终效果如图 2-27 所示。

素材文件\第 2 章\制作春节贺卡\狗.cdr
最终效果\第 2 章\春节贺卡.cdr

图 2-27

**制作思路**

本例的制作思路如图 2-28 所示，涉及的知识点有矩形工具、文本工具、填充工具、交互式调和工具、翻转按钮、"镜像"命令、"群组"命令等进行操作，其中矩形工具和交互式调和工具的使用是本例的重点内容。

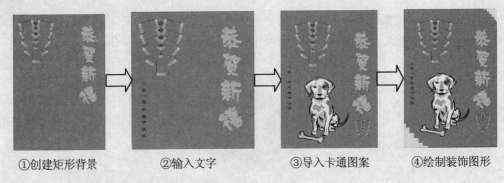

①创建矩形背景　　　②输入文字　　　③导入卡通图案　　　④绘制装饰图形

图 2-28

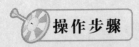 操作步骤

## 2.2.1　创建矩形背景

（1）新建一个图形文件，在工具属性栏上将页面宽度设置为"180"，高度设置为"260"。

（2）双击工具箱中的"矩形工具"按钮 □，创建一个与页面大小相同的矩形。

（3）单击工具箱中的"挑选工具"按钮 ，选中矩形，按住工具箱中的"填充工具"按钮 不放，在其展开工具条中单击"填充对话框"按钮 ，打开"均匀填充"对话框，设置填充色为"C: 0; M: 99; Y: 95; K: 0"，如图 2-29 所示。

（4）单击"确定"按钮应用设置，效果如图 2-30 所示。

（5）单击工具箱中的"矩形工具"按钮 □，在页面中绘制一个小的矩形，填充为黄色，再在其上创建一个只有一半宽的矩形，填充为金色并取消轮廓线，如图 2-31 所示。

（6）单击工具箱中的"交互式调和工具"按钮 ，在金色矩形上单击并向左拖动到适当位置后释放鼠标，效果如图 2-32 所示。

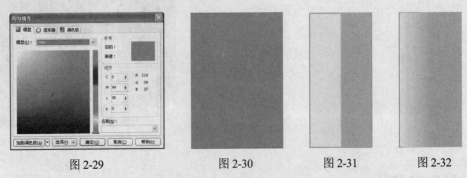

图 2-29　　　　　图 2-30　　　　图 2-31　　　　图 2-32

（7）用同样的方法绘制一个短一些的红色矩形，并在其上绘制一个宝石红色的矩形，并使用交互式调和工具创建渐变效果，如图 2-33 所示。

（8）单击工具箱中的"贝塞尔工具"按钮 ，绘制鞭炮的挂绳部分，用形状工具调整后，连同鞭炮主体部分一起旋转一定的角度，如图 2-34 所示。

（9）选中整个鞭炮部分，单击工具属性栏中的 按钮将其群组，然后复制出 3 个，并调整角度后排放整齐，如图 2-35 所示。

图 2-33             图 2-34             图 2-35

（10）选中全部鞭炮，选择【排列】/【变换】/【比例】命令，在打开的"变换"泊坞窗中单击"水平镜像"按钮 后再单击应用到再制按钮，页面中就水平镜像复制了鞭炮，调整位置后的效果如图 2-36 所示。

（11）复制一个鞭炮，调整角度后，按"Ctrl+PageDown"组合键将其放置于其他鞭炮下方，如图 2-37 所示。

（12）选中全部鞭炮图形，选择【编辑】/【符号】/【新建符号】命令，在打开的"创建新符号"对话框中的"名称"文本框中输入"鞭炮"，如图 2-38 所示，单击"确定"按钮将其转换为符号，并放置于页面左侧。

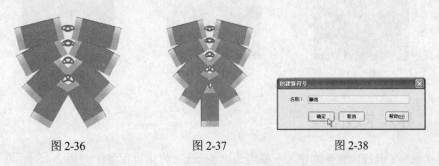

图 2-36             图 2-37             图 2-38

## 2.2.2 输入文字

（1）单击工具箱中的"文本工具"按钮 ，在工具属性栏中单击 按钮，在页面中输入"恭贺新禧" 4 个字。

（2）选中文字，在工具属性栏上将字体设置为"文鼎中特广告体"，字号设置为"100"，按"Enter"键应用设置，效果如图 2-39 所示。

（3）选中文字，按住工具箱中的"填充工具"按钮 不放，在展开的工具条中单击"填充对话框"按钮 ，打开"均匀填充"对话框，填充色为"C: 4; M: 28; Y: 96; K: 0"，如图 2-40 所示。

（4）选中文字，单击工具箱中的形状工具 ，再单击选中"禧"字左下角的节点，如图 2-41 所示。

图 2-39　　　　　　　　图 2-40　　　　　　　　图 2-41

（5）设置水平位移为"30"、垂直位移为"−20"和旋转角度为"30°"。

（6）选中文字，将其向右拖动一定距离并单击鼠标右键，复制出 1 个文字，单击调色板最下角的◄按钮，从展开的调色板中单击黄色　色块，如图 2-42 所示。

（7）选中黄色文字，按"Ctrl+PageDown"组合键将其移至深黄色文字的后面一层，并调整位置，效果如图 2-43 所示。

（8）单击工具箱中的"文本工具"按钮字，在页面左侧输入"二零壹零年春节快乐"9个字。

（9）选中文字，在工具属性栏中将字体设置为"隶书"，字号设置为"24"，按"Enter"键应用设置，如图 2-44 所示。

图 2-42　　　　　　　　图 2-43　　　　　　　　图 2-44

## 2.2.3　　导入卡通图案

（1）按"Ctrl+I"组合键导入一幅名为"狗.cdr"的生肖图案，如图 2-45 所示。

（2）调整卡通的大小并将其移动到适当的的位置，如图 2-46 所示。

（3）选中鞭炮图形，将其向右拖动一定距离并单击鼠标右键，复制一个鞭炮图形，缩小后放置于页面的右下方，如图 2-47 所示。

图 2-45　　　　　　　　图 2-46　　　　　　　　图 2-47

### 2.2.4　绘制装饰图形

（1）按住工具箱中的"矩形工具"按钮 ，不放，在展开的工具条中单击"3 点矩形工具"按钮 ，绘制多个矩形重叠，填充为黄色并取消轮廓线，按"Ctrl+G"组合键将其群组，如图 2-48 所示。

（2）选中全部矩形，复制一个后，依次单击工具属性栏上的 按钮和 按钮将图形翻转。

（3）缩小图形并将其放置于页面的右上角，效果如图 2-49 所示。

图 2-48　　　　　　　　　　　　图 2-49

（4）调整贺卡各部分的位置使其更加美观，并双击挑选工具，选中全部图形按"Ctrl+G"组合键将其群组，最终效果如图 2-27 所示。

## 2.3　制作手提袋

 实例目标

利用矩形工具、椭圆工具、均匀填充等绘制手提袋的形状，然后利用椭圆工具、贝塞尔工具、对象的修剪和焊接等绘制图手提袋上的图形，最后导入"足球.jpg"图片，并利用交互处透明工具以及"位图"命令等对图片进行编辑，完成后的手提袋最终效果如图 2-50 所示。

　素材文件\第 2 章\制作手提袋\足球.jpg
　　　最终效果\第 2 章\手提袋.cdr

图 2-50

**制作思路**

　　本例的制作思路如图 2-51 所示，涉及的知识点有矩形工具、椭圆工具、贝赛尔工具、形状工具、文本工具、手绘工具等，以及均匀填充、渐变填充、图形的缩放倾斜、对象的修剪和焊接、图片的导入、对图片进行处理等，其中矩形工具、椭圆工具和形状工具的使用是本例的重点内容。

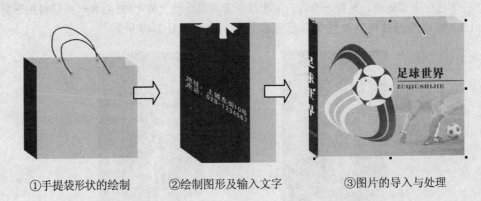

①手提袋形状的绘制　　　②绘制图形及输入文字　　　③图片的导入与处理

图 2-51

**操作步骤**

### 2.3.1　绘制手提袋的形状

　　（1）新建一个图形文件，将其保存为"手提袋.cdr"。
　　（2）使用矩形工具绘制一个矩形，将其填充为黄色，如图 2-52 所示。
　　（3）使用矩形工具绘制一个矩形，将其填充为黑色，如图 2-53 所示。
　　（4）单击黑色矩形，当光标变为 ↕ 形状时，向下拖动使矩形倾斜变形，如图 2-54 所示。调整好将其移动到如图 2-55 所示的位置，完成手提袋一个侧面的制作。

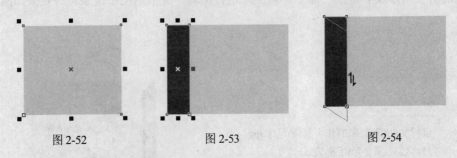

图 2-52　　　　　　　　　　图 2-53　　　　　　　　　　图 2-54

　　（5）按住"Ctrl"键移动复制到黄色矩形的另一侧，如图 2-56 所示。按"Shift+PageDown"组合键将其置于最底层，如图 2-57 所示。
　　（6）将矩形填充为浅灰色，如图 2-58 所示。再将黄色矩形复制并移动到如图 2-59 所示的位置。

（7）按"Shift+PageDown"组合键将复制的矩形置于最底层，并将其填充为灰色到白色的渐变，如图 2-60 所示。

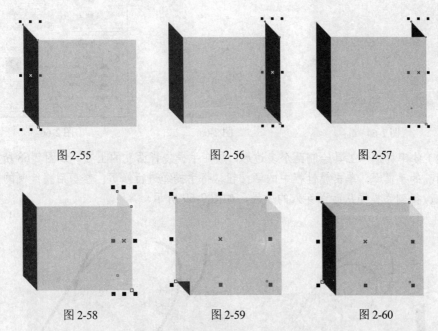

图 2-55　　　　　　　　　图 2-56　　　　　　　　　图 2-57

图 2-58　　　　　　　　　图 2-59　　　　　　　　　图 2-60

（8）使用椭圆工具绘制两个同心正圆，同时选择两个正圆，单击属性栏中的 按钮将其结合成圆环，如图 2-61 所示。选择该圆环，单击"填充工具"按钮 ，在其扩展工具条中单击"渐变填充对话框"按钮 ，打开"渐变填充"对话框，在对话框中设置如图 2-62 所示的射线渐变色，单击"确定"按钮，效果如图 2-63 所示。

图 2-61　　　　　　　　　图 2-62　　　　　　　　　图 2-63

（9）将绘制的圆环复制 3 个，分别放置在手提袋口作为手提袋中手提绳的孔，效果如图 2-64 所示。

（10）使用手绘工具绘制两条曲线做为手提袋的绳，绘制的过程中如果觉得线条不够平衡，可以使用形状工具对其进行调整。绘制的效果如图 2-65 所示。

（11）选择绘制的两条曲线，双击状态栏中的"轮廓色"图标 ，打开"轮廓笔"对话框，在该对话框的"宽度"下拉列表框中输入"1.0mm"，如图 2-66 所示。单击"确定"按钮，效果如图 2-67 所示。

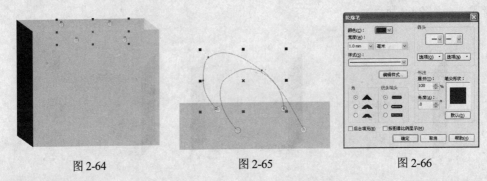

图 2-64              图 2-65              图 2-66

（12）使用贝塞尔工具绘制两个多边形，放在手提袋背面孔的上方，如图 2-68 所示。再选择后面孔的手提绳，单击属性栏中的 按钮，将手提绳进行修剪，修剪后将绘制的两个多边形删除，得到手提绳从后面穿入的效果，如图 2-69 所示。

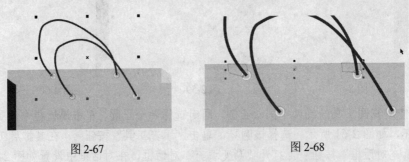

图 2-67              图 2-68

（13）手提袋的形状制作完成，效果如图 2-70 所示。

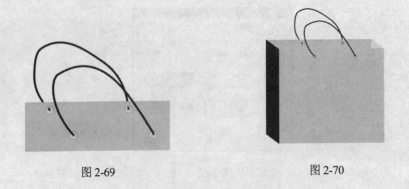

图 2-69              图 2-70

### 2.3.2   绘制图形并输入文字

（1）选择椭圆工具，按住"Ctrl"键的同时拖动鼠标，绘制一个正圆，将其填充为蓝色，如图 2-71 所示。

（2）使用椭圆工具绘制几个椭圆，并对其进行缩放变形，再对其进行排列，调整后将绘制的椭圆填充为白色，如图 2-72 所示。

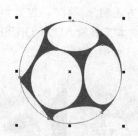

图 2-71　　　　　　　　　　　　　　　　　　　图 2-72

（3）使用贝塞尔工具在椭圆之间绘制图形并将多个椭圆相连，绘制好后的效果如图 2-73 所示。将绘制图形的轮廓设置为无色，然后同时选择这里绘制的图形和上一步绘制的椭圆，在属性栏中单击 📋 按钮进行焊接，焊接后的效果如图 2-74 所示。

（4）将焊接后图形和最下面的正圆的轮廓色设置为无色，足球绘制完成，效果如图 2-75 所示。

（5）使用贝塞尔工具绘制几条曲线，然后使用形状工具对其进行调整，调整后将其填充为蓝色，效果如图 2-76 所示。

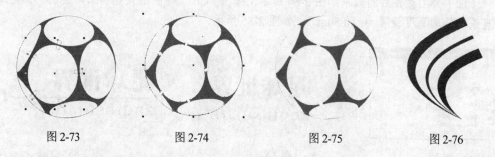

图 2-73　　　　　　　图 2-74　　　　　　　　　图 2-75　　　　　　　　图 2-76

（6）选择足球上的焊接图形，再选择下面的正圆形，在属性栏中单击 📋 按钮修剪图形，将焊接图形与上一步绘制的曲线进行焊接并填充为白色，按 "Shift+PageDown" 组合键将其置于最底层。将其放置于手提袋的正面，如图 2-77 所示。

（7）使用贝塞尔工具绘制如图 2-78 所示的图形，绘制的过程中同样也需要使用形状工具对其进行调整，将其填充为蓝色，轮廓色设置为无色，如图 2-79 所示。

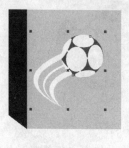

图 2-77　　　　　　　　图 2-78　　　　　　　　图 2-79

（8）将绘制的蓝色图形放在足球的下面，如图 2-80 所示。

（9）使用文本工具在手提袋正面上单击，确定文字输入点，输入"足球世界"，将文字的字体设置为"方正粗宋简体"，位置如图 2-81 所示。

（10）使用文本工具输入"ZUQIUSHIJIE"，将字体然设置为"方正粗宋简体"，放在"足球世界"的下面，如图 2-82 所示。

图 2-80　　　　　　　　　图 2-81　　　　　　　　　　图 2-82

（11）同时选择输入的两段文字，选择【排列】/【对齐和分布】/【对齐和分布】命令，打开"对齐与分布"对话框，如图 2-83 所示。在该对话框中选中 ☑左(L) 复选框，单击"应用"将文字左对齐，设置好后单击"关闭"按钮关闭该对话框

（12）文字对齐后的效果如图 2-84 所示。按住"Ctrl"键使用贝塞尔工具绘制一条直线，将直线的轮廓宽度设置为"0.5mm"，如图 2-85 所示。

 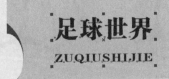 

图 2-83　　　　　　　　　图 2-84　　　　　　　　　　图 2-85

（13）复制"足球世界"，在属性栏上单击"垂直排列文本"按钮 ᴵᴬ，将文字竖排，如图 2-86 所示。将竖排的文字放在手提袋的侧面，如图 2-87 所示。

图 2-86　　　　　　　　　图 2-87

（14）再次单击该文字，当光标变为 ᴵ 形状时，向下拖动使文字倾斜变形如图 2-88 所示。

选择文字，单击工具箱中的"形状工具"按钮 ，文字左右两侧出现调整文字行距和字距的图标。拖动文字下面的标志，调整文字的字距，如图 2-89 所示。调整后的效果如图 2-90 所示。

图 2-88           图 2-89           图 2-90

（15）使用文本工具输入地址和电话号码，将字体设置为"黑体"，如图 2-91 所示。将输入的文字放置在手提袋左侧面上，如图 2-92 所示。

地址：上城东街10号
电话：028-1234567

图 2-91                    图 2-92

（16）再次单击该文字，当光标变为 ↕ 形状时，向下拖动使文字倾斜变形如图 2-93 所示。倾斜后的效果如图 2-94 所示。

图 2-93                  图 2-94

## 2.3.3 导入图片并处理

（1）按"Ctrl+I"组合键导入素材"足球.jpg"图片，如图 2-95 所示。

（2）使用挑选工具选择位图，选择【效果】/【调整】/【取消饱和】命令，将彩色位图转换为灰度，如图 2-96 所示。

图 2-95 图 2-96

（3）选择交互式透明工具在位图上从右向左拖动，给位图添加透明度效果，如图 2-97 所示。选择【位图】/【转换为位图】命令，打开"转换为位图"对话框，设置参数如图 2-98 所示，单击"确定"按钮，将添加的透明效果转换为位图，这样做的目的是便于再次添加透明效果。

（4）使用交互式透明工具在位图上从下往上拖动，给位图添加透明度效果，如图 2-99 所示。调整好后将其转换为位图，并放置于手提袋的下方，如图 2-100 所示。

图 2-97 图 2-98 图 2-99

（5）选择位图和手提袋的正面，选择【排列】/【对齐和分布】/【对齐和分布】命令，打开"对齐与分布"对话框，设置参数如图 2-101 所示，单击"应用"按钮，再单击"关闭"按钮，将所选的两个对象右下角对齐，如图 2-102 所示。

 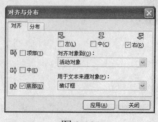 

图 2-100 图 2-101 图 2-102

（6）至此完成整个手提袋的制作，最终效果如图 2-50 所示。

# 2.4　制作寻狗启事广告

## 实例目标

　　使用文本工具在页面上输入文字及对其进行编辑，然后使用贝塞尔工具和矩形工具绘制装饰图案，最后导入卡通图像。完成后的最终效果如图 2-103 所示。

素材文件\第 2 章\制作寻狗启事广告\卡通.wmf
最终效果\第 2 章\寻狗启事广告.cdr

图 2-103

## 制作思路

　　本例的制作思路如图 2-104 所示，涉及的知识点有文本工具、形状工具、矩形工具、椭圆工具、轮廓工具、手绘工具、滴管工具、颜料桶工具、贝塞尔工具、设置对象的排列顺序、导入图形等操作，其中文本工具和矩形工具的使用是本例的重点内容。

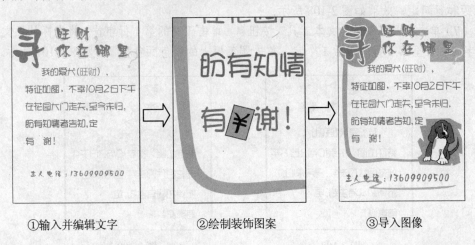

①输入并编辑文字　　　　　　②绘制装饰图案　　　　　　③导入图像

图 2-104

操作步骤

## 2.4.1　输入文字

（1）新建一个图形文件，将页面宽度设置为"185.0"，高度设置为"260.0"。

（2）单击工具箱中的"文本工具"按钮，在页面上输入标题，再单击"挑选工具"按钮，选中标题。在工具属性栏上将字体设置为"文鼎中特广告体"，字号设置为"66"，按"Enter"键，效果如图 2-105 所示。

（3）选中标题，单击"填充工具"按钮，在展开式的工具栏中单击"填充对话框"按钮，打开"均匀填充"对话框，设置其填充色为"C: 13; M: 79; Y: 96; K: 0"，如图 2-106 所示。

（4）单击"确定"按钮，再在调色板上的按钮上单击鼠标右键，去除轮廓线，效果如图 2-107 所示。

图 2-105　　　　　　　　　图 2-106　　　　　　　　　图 2-107

（5）使用文本工具在标题下方输入正文，在工具属性栏中将字体设置为"文鼎 POP—4"，字号设置为"36"，再去除轮廓线。

（6）单击工具箱中的"形状工具"按钮，单击正文，拉动文字下方的调节柄来调整字间距和行间距，效果如图 2-108 所示。

（7）单击工具箱中的"文本工具"按钮，单击正文的第 1 行字首，将光标从正文的第 1 个字向右拉至第 1 行的最后 1 个字，单击调色板上的紫色颜色框，如图 2-109 所示。

图 2-108　　　　　　　　　图 2-109

（8）同样选中正文第 2 行，单击调色板上的绿色颜色框■，效果如图 2-110 所示。

（9）对后面的两行进行设置，使第 1 行的颜色与前面第 3 行相同，第 2 行的颜色与前面第 4 行相同，效果如图 2-2111 所示。

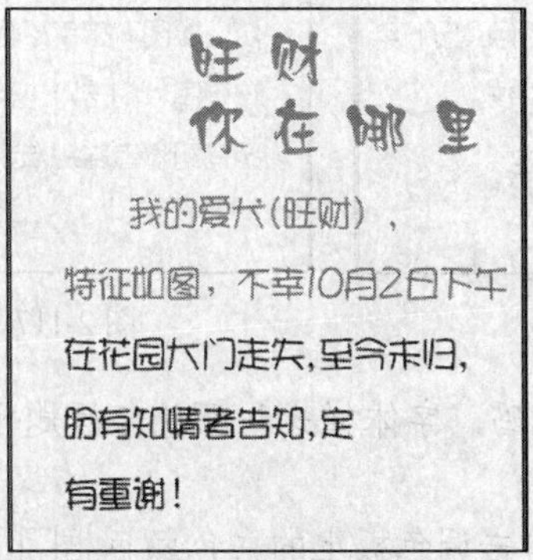

图 2-110 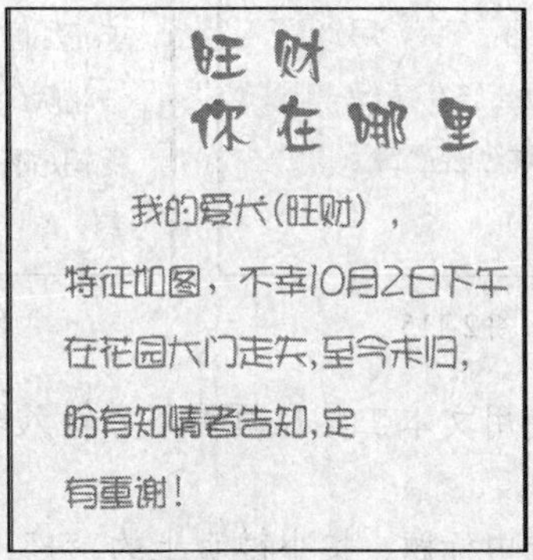　　　　　　　　　　　图 2-111

（10）为使狗的名字更突出，使用文本工具将"旺财"选中，单击调色板上的橘红颜色框■，效果如图 2-112 所示。

（11）选中正文，使用文本工具将其中的"重"字删除，在"有"字之后按空格键 3 次，效果如图 2-113 所示。

（12）使用文本工具在标题上分别输入 1 个逗号","和 1 个问号"？"。

（13）选中逗号，在工具属性栏上将其字体设置为与正文相同，选中逗号，按住"Shift"键不放，将其等比例放大，效果如图 2-114 所示。

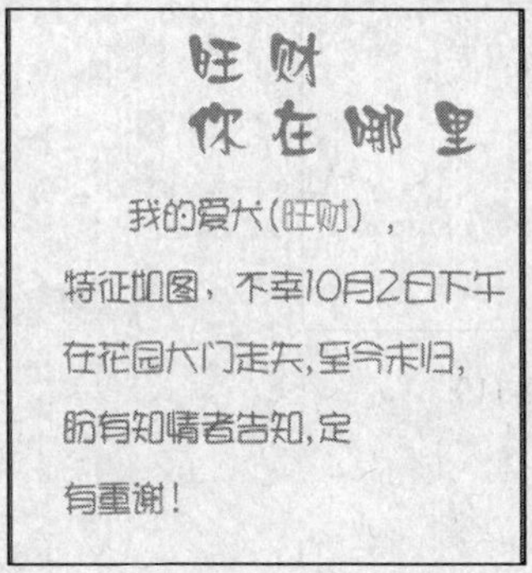

图 2-112 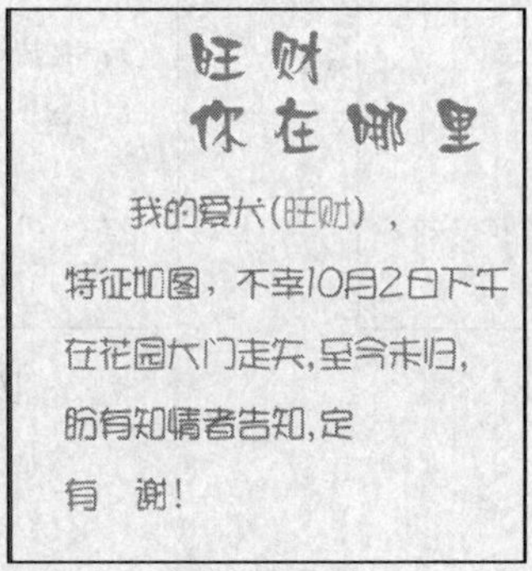　　　　　　　　　　图 2-113 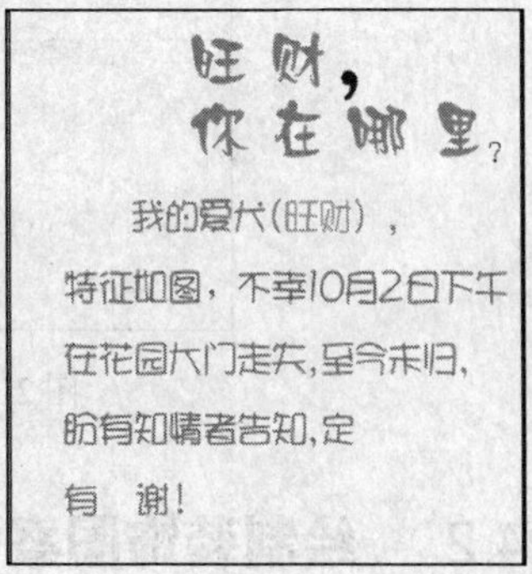　　　　　　　　　　图 2-114

（14）用同样的方法将问号放大，双击问号，拉动旋转符号将其旋转一定角度，效果如图 2-115 所示。

（15）填充符号颜色。选中逗号，参照步骤（3）的方法，分别为逗号和问号填充颜色，填充色为"C: 5; M: 5; Y: 67; K: 0"，效果如图 2-116 所示。

（16）使用文本工具在标题的左方输入"寻"字，将其拉大，并填充与标题相同的颜色，效果如图 2-117 所示。

图 2-115                图 2-116                图 2-117

（17）使用文本工具在页面下方输入电话号码，字体样式和颜色与标题相同，效果如图 2-118 所示。

（18）选中标题，按小键盘上的"+"键，单击调色板上的白色颜色框□，将其填充为白色。在调色板上的紫色颜色框■上单击鼠标右键，再在工具属性栏上的轮廓线宽度下拉列表中选择"0.353"。

（19）选中白色的标题，按"Ctrl+PageDown"组合键，直到将其移至原标题的后面，再将其向左移动一定位置，效果如图 2-119 所示。

图 2-118

图 2-119

## 2.4.2　绘制装饰图案

（1）双击工具箱中的"矩形工具"按钮□，创建 1 个与页面大小相同的矩形。

（2）单击工具箱中的"矩形工具"按钮□，在标题上绘制一个矩形背景，并填充上颜色，填充色为"C: 0; M: 20; Y: 60; K: 20"，再去除轮廓线，效果如图 2-120 所示。

（3）选中背景，按住"Ctrl"键不放，再单击新创建的矩形，按"L"键，背景即可对齐于矩形的左边。

（4）选中矩形，按"Shiftl+Pagedown"组合键，将矩形移至最下面，如图 2-121 所示。

（5）同样，使用矩形工具在标题右边再创建 1 个背景，为其填充上绿色，填充色为"C:

27; M: 1; Y: 61; K: 0”，再将其移至标题后面。

（6）选中绿色背景，再选中矩形，按“R”键，即可将其对齐于矩形的右边，如图 2-122 所示。

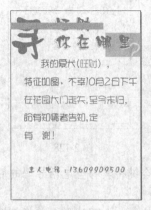

图 2-120　　　　　　　　　图 2-121　　　　　　　　　图 2-122

（7）单击工具箱中的“椭圆工具”按钮◯，在“寻”字上创建 1 个椭圆，并为其填充上与黄色背景相同的颜色，并将其移至“寻”字的下面，效果如图 2-123 所示。

（8）选中“寻”字，按住“轮廓工具”按钮◯不放，在展开工具条中单击“轮廓画笔对话框”◯，打开“轮廓笔”对话框，参数设置如图 2-124 所示。

（9）单击“确定”按钮，效果如图 2-125 所示。

图 2-123　　　　　　　　　图 2-124　　　　　　　　　图 2-125

（10）按住工具箱中的“手绘工具”按钮◯不放，在展开工具条中单击“贝塞尔工具”按钮◯，在矩形的左边绘制一条封闭曲线。再单击“形状工具”按钮◯，调整曲线弧度，并填充与黄色背景相同的颜色，效果如图 2-126 所示。

（11）使用贝塞尔工具在电话号码下方绘制一条“z”字形曲线，再使用形状工具调整成如图 2-127 所示的形状。

（12）单击工具箱的“滴管工具”按钮◯，将光标移至绿色背景上时单击鼠标，再单击颜料桶工具◯，将光标移至“z”字形曲线上并单击鼠标左键，得到如图 2-128 所示效果。

 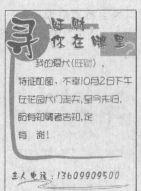 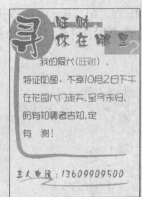

图 2-126              图 2-127              图 2-128

（13）选中"z"字形曲线，按"Shift+Pagedown"组合键将其移至电话号码的后面，效果如图 2-129 所示。

（14）使用贝塞尔工具在正文中"有"字后的空隙中绘制一个四边形，并将其填充为与黄色背景相同的颜色，效果如图 2-130 所示。

（15）在四边形上绘制一个人民币符号，单击调色板上黑色颜色框■，将其填充为黑色，效果如图 2-131 所示。

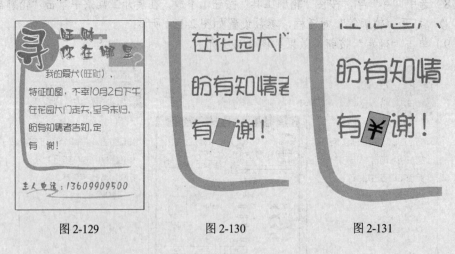

图 2-129              图 2-130              图 2-131

## 2.4.3　导入卡通图像

（1）在标准栏上单击▣按钮，导入"卡通.wmf"图像，如图 2-132 所示。

（2）选中图像，将其放置于正文的右下方，调整其大小，效果如图 2-133 所示。

（3）将整个页面上的布局进行调整，完成制作，最终效果如图 2-134 所示。

**提示**　导入图形文件时除了可以单击标准栏上的▣按钮外，还可以选择【文件】/【导入】命令，在打开的"导入"对话框中进行图片的导入操作。

图 2-132

图 2-133

图 2-134

# 2.5　绘制鲜花

**实例目标**

　　使用智能绘图工具绘制花朵和茎叶，并运用均匀填充和交互式调和工具对图像进行填充，然后使用艺术笔工具为绘制好的鲜花图形添加装饰图案。完成后的最终效果如图 2-135 所示。

最终效果\第 2 章\绘制鲜花.cdr

图 2-135

**制作思路**

　　本例的制作思路如图 2-136 所示，涉及的知识点有智能绘图工具、形状工具、交互式填充工具、交互式网状工具、挑选工具、手绘工具、艺术笔工具以及复制命令等，其中智能绘图工具和交互式网状填充工具的使用是本例的重点内容。

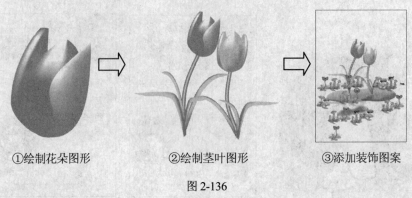

①绘制花朵图形        ②绘制茎叶图形        ③添加装饰图案

图 2-136

操作步骤

## 2.5.1 绘制花朵图形

（1）打开 CorelDRAW X3，新建一个绘图文件。

（2）单击工具箱中的"智能绘图工具"按钮，在工具属性栏中将"形状识别等级"和"智能平滑等级"都设为"高"。

（3）在页面上绘制花瓣图形，如图 2-137 所示。

（4）单击工具箱中的"形状工具"按钮，将花瓣图形的线段调整封闭，如图 2-138 所示。

（5）双击工具箱中的"形状工具"按钮，选取全部节点，单击 2 次工具属性栏上的添加节点按钮，效果如图 2-139 所示。

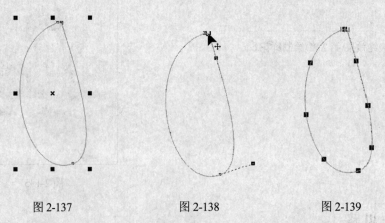

图 2-137        图 2-138        图 2-139

（6）单击"形状工具"按钮，调整曲线形状，如图 2-140 所示。

（7）双击多余的节点将其删除，使曲线更加平滑，如图 2-141 所示。

（8）按"Shift+F11"组合键打开"均匀填充"对话框，参数设置如图 2-142 所示，单击"确定"按钮。

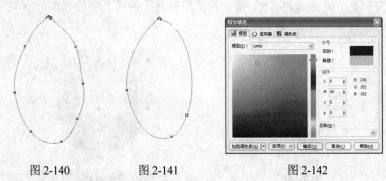

图 2-140　　　　　图 2-141　　　　　　　　　图 2-142

（9）按住"交互式填充工具"按钮，在展开的工具条中单击"交互式网状填充工具"按钮，将高光部分填充为白色，效果如图 2-143 所示。

（10）在红色虚线上双击鼠标左键添加节点，将深色部分填充为霓虹紫色，效果如图 2-144 所示。

（11）单击"挑选工具"按钮，用鼠标右键单击调色板上的无色按钮，取消轮廓线，效果如图 2-145 所示。

图 2-143　　　　　　　图 2-144　　　　　　　图 2-145

（12）单击工具箱中的"智能绘图工具"按钮，绘制封闭曲线，并用形状工具调整，如图 2-146 所示。

（13）按"Shift+F11"组合键打开"均匀填充"对话框，将填充色设置为"C: 5; M: 40; Y: 5; K: 0"，单击"确定"按钮，效果如图 2-147 所示。

图 2-146　　　　　　　　　　图 2-147

（14）单击"交互式网状填充工具"按钮，将高光部分填充为白色，深色部分填充为霓虹紫色，用鼠标右键单击调色板上的无色按钮，取消轮廓线，效果如图 2-148 所示。

（15）按一下小键盘上的"+"键，再使用挑选工具将复制的花瓣的右边调节柄向左拖动，释放鼠标后效果如图 2-149 所示。

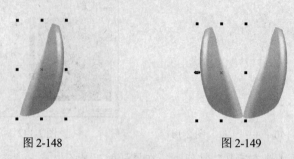

图 2-148                 图 2-149

（16）将 3 片花瓣组合到一起，并旋转一定的角度，效果如图 2-150 所示。

（17）选取两边的花瓣，按"Shift+PageDown"组合键将其置于最下层，如图 2-151 所示。

（18）双击挑选工具，选中全部花瓣图形，按一下小键盘上的"+"键，将其复制一个。删除右边的花瓣后，用交互式网状填充工具将其填充为红色，高光部分为白色，深色部分为宝石红，效果如图 2-152 所示。

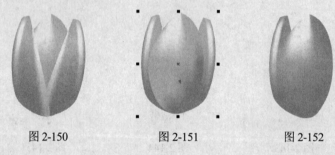

图 2-150            图 2-151            图 2-152

（19）选取左边的花瓣，将其放大并旋转一定角度，如图 2-153 所示。

（20）单击工具箱中的"智能绘图工具"按钮，绘制封闭曲线，并用形状工具调整，如图 2-154 所示。

（21）用交互式网状填充工具将其填充为红色，高光部分为白色，深色部分为宝石红，并用鼠标右键单击调色板上的无色按钮，取消轮廓线，效果如图 2-155 所示。

（22）选取其他两片花瓣，将其顺时针旋转一定角度后将花瓣组合在一起，如图 2-156 所示。

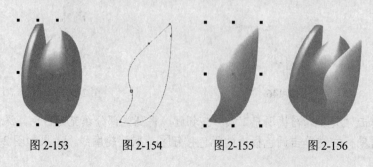

图 2-153         图 2-154         图 2-155         图 2-156

## 2.5.2　绘制茎叶图形

（1）单击工具箱中的"手绘工具"按钮 ，在页面中绘制一条直线，用鼠标右键单击调色板中的绿色，效果如图 2-157 所示。

（2）双击"形状工具"按钮 ，单击工具属性栏上的 按钮，将直线转换为曲线，并将线段调整为弯曲状，效果如图 2-158 所示。

（3）单击"挑选工具"按钮 ，选取曲线，按住"Ctrl"键向右拖动光标到适合的位置单击鼠标右键，水平复制出两条曲线，如图 2-159 所示。

（4）选取中间的曲线，用鼠标右键单击调色板上的黄色，单击"交互式调和工具"按钮 ，先将左边的曲线向中间的曲线拖动调和，再将右边的曲线向中间的曲线拖动调和，效果如图 2-160 所示。

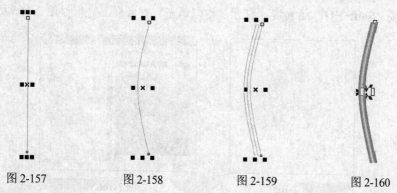

图 2-157　　　　　图 2-158　　　　　图 2-159　　　　　图 2-160

（5）选取整个茎部，按"Ctrl+G"组合键将其群组，再复制一个，并使用工具属性栏上的"旋转角度"文本框将其旋转。

（6）单击工具箱中的"手绘工具"按钮 ，绘制叶的形状，并用形状工具调整成如图 2-161 所示的效果。

（7）单击工具箱中的"交互式网状填充工具"按钮 ，将叶填充为绿色，高光部分为月光绿色，并取消轮廓线，如图 2-162 所示。

（8）复制并旋转一些叶，如图 2-163 所示。

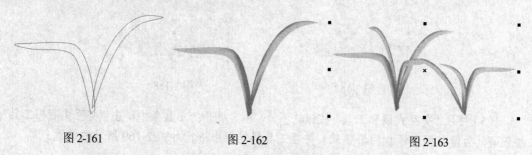

图 2-161　　　　　　　图 2-162　　　　　　　图 2-163

（9）选取两个茎，按"Shift+PageDown"组合键将其放置于最下层。

（10）将花、茎和叶组合在一起，完成郁金香的绘制，效果如图 2-164 所示。

图 2-164

### 2.5.3　添加装饰图案

（1）单击工具箱中的"手绘工具"按钮，绘制封闭的曲线，并用形状工具调整成如图 2-165 所示的效果。

（2）按"Shift+F11"组和键，打开"均匀填充"对话框，进行如图 2-166 所示的设置。

图 2-165

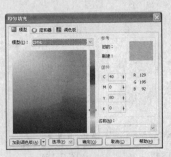

图 2-166

（3）单击"确定"按钮，效果如图 2-167 所示。

（4）单击工具箱中的"交互式网状填充工具"按钮，将高光部分为月光绿色，深色部分填充为绿色，取消轮廓线并按"Shift+PageDown"组合键将其放置于最下层，如图 2-168 所示。

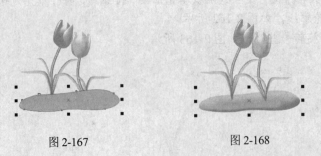

图 2-167　　　　　　　　　　　　　　图 2-168

（5）按住"交互式调和工具"按钮不放，在其展开的工具条中单击"交互式阴影工具"按钮，为鲜花图形添加阴影效果，并在工具属性栏中进行如图 2-169 所示的设置。

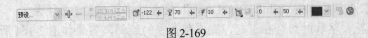

图 2-169

（6）按 "Enter" 键应用设置，效果如图 2-170 所示。

（7）按住 "手绘工具" 按钮 不放，单击其展开的工具条中的 "艺术笔工具" 按钮 ，再单击工具属性栏上的 "喷罐" 按钮 ，在 "喷涂列表" 下拉列表框中选择倒数第 8 个样式。

（8）在页面中应用艺术笔，效果如图 2-171 所示。

（9）选取挡在鲜花前面的艺术笔图形，按 "Shift+PageDown" 组合键将其放置于最下层，最终效果如图 2-172 所示。

图 2-170　　　　　　　　图 2-171　　　　　　　　图 2-172

# 2.6　制作 5 月份的挂历

## 实例目标

使用矩形工具、贝塞尔工具、形状工具、交互式阴影工具、文本工具等进行编辑操作，最后将提供的 "国画.jpg" 素材图片合成一挂历效果，最终效果如图 2-173 所示。

素材文件\第 2 章\制作 5 月份的挂历\国画.jpg
最终效果\第 2 章\5 月份挂历效果.cdr

图 2-173

制作思路

本例的制作思路如图 2-174 所示，涉及的知识点有矩形工具、贝塞尔工具、形状工具、填充工具、交互式阴影工具、交互式调和工具、文本工具、"对齐和分布"命令等操作方法，其中矩形工具、贝塞尔工具和形状工具的使用是本例的重点内容。

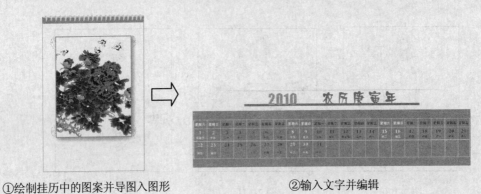

①绘制挂历中的图案并导图入图形　　　　　　②输入文字并编辑

图 2-174

操作步骤

## 2.6.1　绘制挂历中的图案部分

（1）新建一个图形文件，单击工具箱中的"矩形工具"按钮▢，将光标移至绘图区中，当光标变为╬形状时，按住鼠标左键不放并拖动绘制一个矩形。

（2）此时矩形处于选中状态，在属性栏中将其宽度和高度分别设置为"520mm"和"760mm"，然后按"Enter"键。

（3）选择【排列】/【对齐和分布】/【在页面居中】命令，如图 2-175 所示，得到的效果如图 2-176 所示。

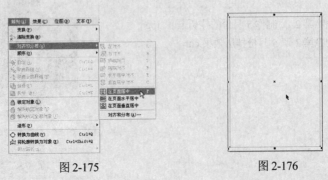

图 2-175　　　　　　　　　　　　　　　图 2-176

（4）按小键盘上的"＋"键，复制一个小矩形，在属性栏中将其宽度设置为"386mm"，

高度设置为 "493mm"，按住 "Shift 键" 的同时单击鼠标加选第一个矩形设置，选择【排列】/【对齐和分布】/【对齐和分布】命令，打开 "对齐与分布" 对话框，其参数设置如图 2-177 所示，单击 "应用" 按钮，再单击 "关闭" 按钮，得到的效果如图 2-178 所示。

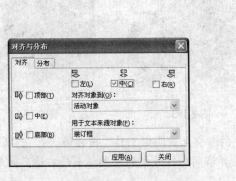

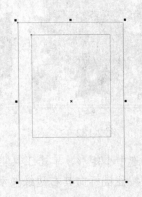

图 2-177                                        图 2-178

（5）选中小矩形，按住工具箱中的 "轮廓工具" 按钮不放，在其展开的工具条中单击 "轮廓笔对话框工具" 按钮，打开 "轮廓笔" 对话框，将颜色填充值设置为 "C: 54; M: 2; Y: 51; K: 0"，并将轮廓宽度设置为 4.0mm，其他参数设置如图 2-179 所示。

（6）单击 "确定" 按钮，效果如图 2-180 所示。

（7）选择【文件】/【导入】命令，打开 "导入" 对话框，在该对话框中选择 "国画.jpg" 选项，单击 "导入" 按钮，此时光标变为 形状，在绘图区中单击鼠标，然后将图片拖动到绘图区中，如图 2-181 所示。

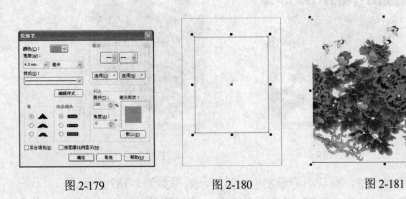

图 2-179                    图 2-180                    图 2-181

（8）确认国画处于选中状态，移动光标至图画的一角，当光标变为↖或↗双向箭头时，按住鼠标左键不放拖动至合适大小。

（9）选中 "国画"，选择【效果】/【图框精确剪裁】/【放置在容器中】命令，此时光标变成黑色箭头，单击小矩形框线，效果如图 2-182 所示。

（10）选中小矩形，单击鼠标右键，在弹出的快捷菜单中选择 "编辑内容" 命令，调整国画的大小和位置，效果如图 2-183 所示。

（11）调整完国画之后，再单击鼠标右键，在弹出的快捷菜单中选择 "结束编辑此级别" 命令，效果如图 2-184 所示。

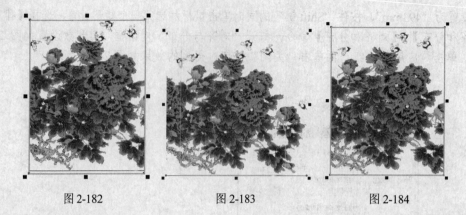

图 2-182　　　　　　　图 2-183　　　　　　　图 2-184

（12）选中小矩形，单击工具箱中的"交互式阴影工具"按钮□，按住"Ctrl"键不放，在其左边缘按住鼠标向其右边缘拖动，并将阴影符号中的滑条拖至最右边，效果如图 2-185 所示。

（13）确定阴影工具为选中状态，用鼠标光标在阴影上单击鼠标右键，在弹出的快捷菜单中选择"拆分阴影群组"命令。

（14）选中阴影，单击工具箱中的"形状工具"按钮，将阴影上方的两个节点一起选中并向下移至小矩形的边缘以下，将超出小矩形的阴影去除，效果如图 2-186 所示。

图 2-185　　　　　　　　　　图 2-186

（15）使用同样方法，移动小矩形左边的阴影，效果如图 2-187 所示。

（16）绘制花边。按住工具箱中的"手绘工具"按钮不放，在其展开的工具条中单击"贝塞尔工具"按钮，在小矩形的左上方绘制一条曲线作为花边，再单击工具箱中的"形状工具"按钮，调整其形状，并在属性栏上将其轮廓宽度设置为"1.411mm"，在调色板中将其填充为橘红色，效果如图 2-188 所示。

（17）选中花边，按小键盘上的"+"键，将其复制一个，单击属性栏中的按钮，将其垂直镜像，效果如图 2-189 所示。

（18）选中被镜像的花边，将其移至原花边的下方并与其上边缘相交，选中两个花边，在属性栏上单击按钮，将其群组。

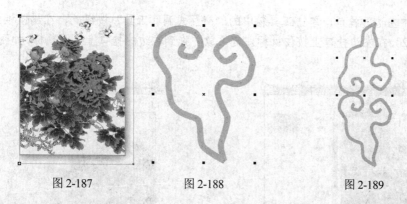

图 2-187　　　　　　图 2-188　　　　　　图 2-189

（19）选中花边，使用轮廓色对话框工具为其填充与小矩形轮廓相同的颜色，效果如图 2-190 所示。

（20）选中花边，将其移至小矩形的右边并单击鼠标右键，将其复制一个，单击属性栏上的 按钮，按住 "Shift" 键并单击小矩形，再按 "T" 键，使其对齐于小矩形的上边缘，选中左右两个花边，将其群组，效果如图 2-191 所示。

（21）选中花边，按 "Ctrl" 键，将其移至小矩形的下方并单击鼠标右键然后松开鼠标，选中矩形，按 "B" 键，使其对齐于小矩形的下边，效果如图 2-192 所示。

图 2-190　　　　　　图 2-191　　　　　　图 2-192

（22）使用矩形工具在矩形上方绘制一个长方形，按住 "填充工具" 按钮 不放，在其展开的工具条中单击 "填充对话框" 按钮 ，打开 "均匀填充" 对话框，设置填充值为 "C: 54; M: 2; Y: 51; K: 0"，如图 2-193 所示。

（23）单击 "确定" 按钮，并用鼠标右键单击调色板上的 按钮，去除轮廓线，效果如图 2-194 所示。

（24）使用贝塞尔工具结合形状工具在长方形的左边绘制挂历的挂口，如图 2-195 所示。

（25）选中挂口，按住 "填充工具" 按钮 不放，在其展开的工具条中单击 "渐变填充对话框" ，打开 "渐变填充" 对话框，将其设置为月光绿到白色的渐变效果，将 "从" 中的颜色值设置为 "C: 0; M: 20; Y: 60; K: 0"，其他参数设置如图 2-196 所示。

（26）单击 "确定" 按钮，并去除轮廓线，将其复制一个并移至长方形的右边，效果如图 2-197 所示。

（27）选中左边的拴口，单击工具箱中的"交互式调和工具"按钮，在属性栏中将调和步数设置为20，在左边拴口上按住鼠标左键不放并拖到右边的拴口上松开鼠标，如图 2-198 所示。

图 2-193

图 2-194

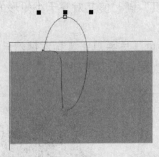

图 2-195

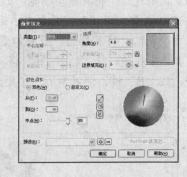

图 2-196

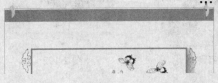

图 2-197

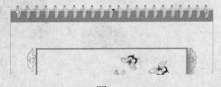

图 2-198

（28）若调和效果不佳，可单击属性栏中的按钮，打开"加速"面板，拖动滑条以调节出不同的调和效果，其设置如图 2-199 所示。

（29）将以上绘制的挂历图案部分全部选中，并将其群组，效果如图 2-200 所示。

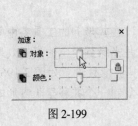

图 2-199

图 2-200

## 2.6.2 输入挂历文字内容

（1）选中挂历，单击属性栏中的 按钮，取消全部组合，将花鸟国画和花边全部选中并群组，将其向下移动一段距离。

（2）单击工具箱中的"文本工具"按钮 ，在花鸟国画上方输入标题，再单击工具箱中的"挑选工具"按钮 ，在属性栏中将其字体设置为"文鼎中特广告体"，用光标调整文字的角度并向中心拖动以调整字体的大小，最后将其填充为红色，如图 2-201 所示。

（3）在国画的左上角输入月份 5，将字体设置为 Impact，并将其颜色填充为红色，调整到适当大小。在 5 旁边输入"MAY"，将其字体设置为"Binner DEE"，并填充为橘红色，效果如图 2-202 所示。

（4）选中 5，将其复制一个，并填充为黑色，选中黑色的 5，按"Ctrl+PageDown"组合键，将其移至红色文字的下方，效果如图 2-203 所示。

图 2-201        图 2-202        图 2-203

（5）在国画的下方输入数字年份和中文年份，将数字字体设置为"Impact"，中文字体设置为"文鼎中特广告体"，并为其填充红色，效果如图 2-204 所示。

（6）使用矩形工具在年份的下方绘制一条衬线，并使用均匀填充将其颜色填充为红色，然后移至年份的下面，效果如图 2-205 所示。

（7）使用矩形工具在年份的下方绘制底纹，其宽度设置为"483mm"，高度设置为"96mm"，并为其填充与小矩形轮廓相同的颜色，去除轮廓线，效果如图 2-206 所示。

图 2-204        图 2-205        图 2-206

（8）单击工具箱中的"图纸工具"按钮 ，根据挂历的内容，在其属性栏中将列和行分别设置为"20"和"3"，再在底纹上拖动鼠标绘制一个网格，到适当大小时释放鼠标，如图 2-207 所示。

（9）使用挑选工具选中网格，再打开"轮廓笔"对话框，将其轮廓颜色设置为白色，轮

廓宽度设置为 "0.4mm"，效果如图 2-208 所示。

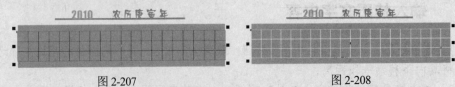

图 2-207                    图 2-208

（10）选中网格，再单击工具属性栏中的 按钮，将网格打散成独立的小网格，再根据需要拉大下面两个网格之间的距离，效果如图 2-209 所示。

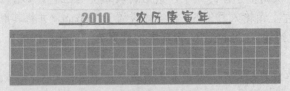

图 2-209

（11）使用文本工具在第 1 格的内容框中输入 "星期日"，在属性栏上将其字体设置为 "方正大黑简体"，字号设置为 "16"，并对齐网格的中心。

（12）按 "Ctrl" 键，将 "星期日" 移至第 2 格内容框中并单击鼠标右键，按 "Ctrl+D" 组合键 20 次，将其水平复制至其他内容框中，输入其他文字时就不需要再设置字体和字号。

（13）使用文本工具分别选中每个 "星期日" 文字，输入正确的星期内容，并选中其中的 "星期六" 和 "星期日"，将其填充为白色，效果如图 2-210 所示。

图 2-210

（14）使用文本工具在所有星期的下方输入月份的数字，将其字体设置为 "方正大标简体"，字号设置为 "14"，再将数字和星期纵向对齐，效果如图 2-211 所示。

图 2-211

（15）用同样的方法，使用文本工具在月份下方输入农历，使其与月份的中部对齐，效果如图 2-212 所示。

图 2-212

（16）选中"星期六"和"星期日"下的纵栏内容，在调色板上单击白色，将其颜色填充为白色，最终效果如图 2-173 所示。

# 2.7　制作生日贺卡

## 实例目标

使用矩形工具和渐变工具绘制生日贺卡底纹，然后主要运用交互式透明效果和"修剪"命令制作文字，最后通过"使调和适合路径"命令以及交互式调和工具来完善绘制的生日贺卡，最终效果如图 2-213 所示。

最终效果\第 2 章\生日贺卡.cdr

图 2-213

## 制作思路

本例的制作思路如图 2-214 所示，涉及的知识点有矩形工具、渐变填充、贝塞尔工具、文本工具、轮廓工具、椭圆工具、形状工具、交互式透明工具、交互式调和工具、交互式填充工具、"插入字符"命令和"对齐和分布"命令、修剪和相交对象、复制和群组对象等操作方法，其中矩形工具、椭圆工具和渐变工具的使用是本例的重点内容。

①制作生日贺卡底纹　　　②制作文字　　　③制作生日蛋糕

图 2-214

## 2.7.1　制作生日贺卡的底纹

（1）打开 CoerlDRAW X3，新建一个绘图文件。单击工具箱中的"矩形工具"按钮□，在绘图区中拖动鼠标，绘制一个矩形，在工具属性栏上单击"不按比例缩放/调整大小比率"按钮，这样可对长和宽进行单独的调整，再在工具属性栏上的矩形长度 79.321 mm 文本框中输入"120"，宽度 66.329 mm 文本框中输入"160"，按"Enter"键，效果如图 2-215 所示。

（2）用鼠标右键单击调色板上的 10%黑色颜色框将它的轮廓色变浅。按"空格"键切换为选择状态。

（3）按小键盘上的"+"键进行复制，在工具属性栏上的矩形宽度文本框 120.0 mm 中输入"120"，长度保持不变，效果如图 2-216 所示。

（4）按住"Shift"键，单击步骤（1）所绘制的矩形，加选它，然后选择【排列】/【对齐和分布】/【底端对齐】命令，将它们进行底端的对齐，效果如图 2-217 所示。

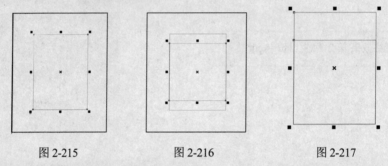

图 2-215　　　　　　　图 2-216　　　　　　　图 2-217

（5）单击空白处取消选择后，选择正方形，选择【排列】/【造形】/【造形】命令，打开造形泊坞窗，在泊坞窗上的下拉列表框中选择"修剪"选项，然后选中☑来源对象复选框和☑目标对象复选框，单击"修剪"按钮后，光标变为形状。将光标移至大矩形处并单击进行修剪，得到如图 2-218 所示的效果。

（6）选择正方形，按住工具箱中的"填充工具"按钮不放，在展开的工具条中单击"渐变填充对话框"按钮，打开"渐变填充"对话框，参数设置如图 2-219 所示，其中步长值是实现层次渐变效果的关键。先单击按钮将其设为打开状态，再输入步长值。最后单击"确定"按钮。

（7）用鼠标右键单击调色板上的按钮去除正方形的轮廓，效果如图 2-220 所示。

图 2-218　　　　　　　图 2-219　　　　　　　图 2-220

（8）单击选择修剪后的对象，再按住工具箱中的"填充工具"按钮 不放，在展开的工具条中单击"渐变填充对话框"按钮 ，在打开的"渐变填充"对话框中进行如图 2-221 所示的设置，然后单击"确定"按钮。

（9）用鼠标右键单击调色板上的白色颜色框，将所选对象轮廓设置为白色，效果如图 2-222 所示。

（10）选择【文本】/【插入符号字符】命令，打开插入字符泊坞窗，在该泊坞窗的下拉列表框中选择字体"Wingdings 2"，在其下方的字符列表框中选择如图 2-223 所示的字符。按住鼠标不放将它拖至绘图区后，再松开鼠标。

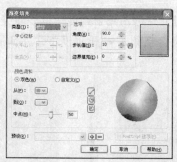

图 2-221

图 2-222

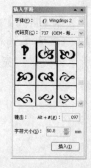

图 2-223

（11）关闭插入字符泊坞窗，将拖入的符号选择后，将它缩小，单击调色板上的黄色颜色框将它填充为黄色，再用鼠标右键单击调色板上的⊠按钮去除轮廓，并将它移至如图 2-224 所示的位置。

（12）按小键盘上的"+"键复制出一个符号，将光标移至符号的左方中间的控制点上，光标变为↔形状时，按住"Ctrl"键不放，再按下鼠标左键向右拖动，当得到如图 2-225 所示的效果时，依次松开鼠标左键和"Ctrl"键，将复制的对象进行镜像。

图 2-224

图 2-225

（13）按步骤（12）中的方法继续进行复制镜像，使该符号成为一排，效果如图 2-226 所示。

图 2-226

（14）框选这一排符号，选择【排列】/【群组】命令，将符号进行群组，然后按小键盘

上的 "+" 键进行复制，将复制的群组对象填充为白色，并向下移到适当位置。选择【排列】/【顺序】/【到页面前面】命令，光标变为 ➡ 形状，在正方形上单击，将它置于正方形的上一层。

（15）按住工具箱中的 "手绘工具" 按钮 ✎ 不放，在展开的工具条上单击 "贝塞尔工具" 按钮 ✎，在绘图区中绘制如图 2-227 所示的封闭曲线，按空格键切换为选择状态后，按小键盘上的 "+" 键复制，然后将复制对象从左向右进行镜像。再按住 "Ctrl" 键不放，将复制镜像的对象向右水平移动，效果如图 2-228 所示。

（16）框选如图 2-228 所示的对象，按 "Ctrl+G" 组合键将它们群组，然后移至如图 2-229 所示的位置。

（17）选择【排列】/【造形】/【造形】命令，打开造形泊坞窗，选择造形的类型为 "相交"，取消 □来源对象 复选框的选中状态，单击 "相交" 按钮后，在正方形上单击，得到如图 2-230 所示的效果。完成贺卡底纹的制作。

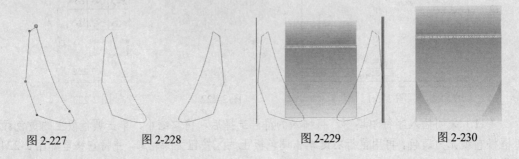

图 2-227　　　　　图 2-228　　　　　图 2-229　　　　　图 2-230

## 2.7.2　制作文字

（1）单击工具箱中的 "文本工具" 按钮 ✍，输入文字 "Happy Birthday"，单击工具箱中的 "挑选工具" 按钮 ▹，切换为选择状态，在工具属性栏的字体列表下拉列表框中选择 "CommercialScrDEE"，如图 2-231 所示，按 "Ctrl+K" 组合键，将文字拆分为两部分，将 "Birthday" 放置于如图 2-232 所示的位置。

（2）框选拆分后的两组文字，然后按住工具箱中的 "填充工具" 按钮 ✎ 不放，在展开的工具条中单击 "渐变填充对话框" 按钮 ■，打开 "渐变填充" 对话框，在预设下拉列表框 圆形-紫 01 中选择预设的类型 "圆形-紫 01"，然后单击 "确定" 按钮，效果如图 2-233 所示。

图 2-231　　　　　　　图 2-232　　　　　　　　　图 2-233

（3）按住工具箱中的 "轮廓工具" 按钮 ▣ 不放，在展开的工具条上单击 "轮廓画笔对话框"按钮，打开"轮廓笔"对话框，在该对话框中的宽度下拉列表框中输入"1"，按"Tab"
键后，可以看到该对话框的其他灰色按钮变成使用状态，进行如图 2-234 所示的设置后单击
"确定"按钮。

（4）将文字移至如图 2-235 所示的位置。

（5）单击工具箱中的"文本工具"按钮，在工具属性栏的字体下拉列表框中选择"方
正行楷简体"，输入文字"祝福"，单击工具箱中的"挑选工具"按钮，切换为选择状态，
将文字填充为黄色，并适当放大，将它放在如图 2-236 所示的位置。

图 2-234　　　　　　　　　　　　图 2-235　　　　　　　　　　图 2-236

（6）确认文字"祝福"被选择，按住工具箱中的"交互式调和工具"按钮不放，在
展开的工具条上单击"交互式透明工具"按钮，在工具属性栏上的透明度类型下拉列表框
中选择"标准"，然后在开始透明度 50 处将滑块拖动为"80"。

（7）继续输入文字"生日快乐"，设置字体为"华文行楷"，单击工具箱中的"形状工具"
按钮，将光标移至文字右下角的处，按住鼠标不放并向右拖动，将文字的间距加大。切
换回选择状态，按小键盘上的"+"键进行复制，将复制的文字填充为红色，并向左上适当
移动一些距离，如图 2-237 所示。

（8）选择【排列】/【造形】/【造形】命令，打开造形泊坞窗，在其下拉列表框中选择
"修剪"，将□来源对象复选框和□目标对象复选框都取消选中状态。单击选择下方的黑色文字，单
击"修剪"按钮后在红色文字上单击，得到如图 2-238 所示的效果。

（9）将修剪后的对象移至正方形的中下方，效果如图 2-239 所示。

图 2-237　　　　　　　　　　　　　　　　　图 2-238

（10）单击工具箱中的"椭圆工具"按钮，绘制一个椭圆，如图 2-240 所示。单击"渐
变填充对话框"按钮，打开"渐变填充"对话框，在该对话框中的颜色调和栏中选中自定义
单选按钮，在下边的颜色条上将两边的颜色改为黄色，在中间双击鼠标添加一个颜色框控制
点，将它的颜色改为橘红，其余设置不变，单击"确定"按钮。

（11）去除椭圆的轮廓，将它放置于修剪文字的下面，文字的制作完成。

图 2-239                                              图 2-240

### 2.7.3　制作生日蛋糕

（1）单击工具箱中的"椭圆工具"按钮◯，绘制一个椭圆，按小键盘上的"+"键两次，复制出相同大小的两个椭圆，按住"Ctrl"键，将其中一个椭圆垂直向下拖动。然后单击工具箱中的"矩形工具"按钮▢，绘制一个矩形，并将它放置于如图 2-241 所示的位置。

（2）按住"Shift"键，加选上面的一个椭圆和下面的椭圆，单击工具属性栏上的"焊接"按钮，将它们进行焊接，效果如图 2-242 所示。

（3）单击工具箱中的"形状工具"按钮，将里面的 4 个点框选后，按"Delete"键删除，切换为选择状态，选择椭圆，按"Shift+PageUp"组合键将它放置于顶层。

（4）选择椭圆，按住"Shift"键不放，拖动鼠标，将它向中心缩小，效果如图 2-243 所示。

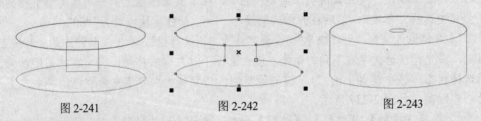

图 2-241　　　　　　　　图 2-242　　　　　　　　图 2-243

（5）将较大的椭圆选择，按住工具箱中的"填充工具"按钮◨不放，在展开的工具条上单击"填充对话框"按钮，在打开的"均匀填充"对话框中设置颜色为"C: 0; M: 0; Y: 35; K: 0"。单击"确定"按钮。

（6）选择较小的椭圆，将其填充色设置为黄色，并用鼠标右键单击调色板上的☒按钮去除它的轮廓。

（7）按住工具箱中的"交互式透明工具"按钮不放，在展开的工具条上单击"交互式调和工具"按钮。将光标从小椭圆拉至大椭圆，对两个椭圆进行交互式调和，效果如图 2-244 所示。

（8）单击工具箱中的"贝塞尔工具"按钮，绘制一条与椭圆曲度差不多的曲线，如图 2-245 所示。再绘制一个正圆，将它填充为洋红色，按小键盘上的"+"键复制出一个，将复制的正圆移动小段距离。

（9）单击工具箱中的"交互式调和工具"按钮。对两个圆进行交互式调和。将光标移至调和对象上，用鼠标右键拖至曲线上，当光标变为⊕形状时，松开鼠标，在弹出的快捷菜单中选择"使调和适合路径"命令，如图 2-246 所示。将调和两端的正圆拖至曲线的两端。

（10）在工具属性栏上将调和步数数值框 <sup>$\sqrt{}$</sup> 20 中的值设置为"6"。然后选择【效果】/【图框精确剪裁】/【放置在容器中】命令，在其上的焊接对象上单击，将对象进行精确剪裁，用鼠标右键单击焊接对象，在弹出的快捷菜单中选择"编辑内容"命令，将调和对象放置于合适的位置。用鼠标右键单击调色板上的⊠按钮去除它们的轮廓。

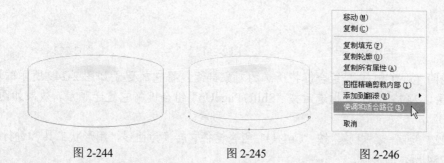

图 2-244　　　　　　　　图 2-245　　　　　　　　图 2-246

（11）选择【效果】/【图框精确剪裁】/【结束编辑】命令，如图 2-247 所示。

（12）绘制一个正圆，在工具属性栏上的轮廓宽度 $\varnothing$ 发丝 下拉列表框中输入"0.8"，再用鼠标左键单击青色颜色框，将轮廓色修改为青色。按照步骤（8）~步骤（11）中的方法将正圆进行交互式调和，再适合于路径，最后将其放置在焊接对象内如图 2-248 所示的位置。

（13）绘制一个小正圆，单击工具箱中的"交互式填充工具"按钮 ，然后在工具属性栏的填充类型下拉列表框 线性 中选择"射线"，单击填充下拉列表框 ，选择"洋红色"，最后去除正圆的轮廓。

（14）按空格键切换为选择状态，将正圆复制出 4 个，分别放置在如图 2-249 所示的位置。

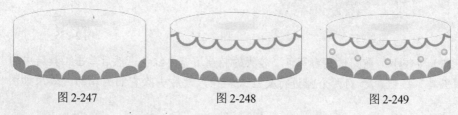

图 2-247　　　　　　　　图 2-248　　　　　　　　图 2-249

（15）选择焊接对象，将它的填充色设置为"C: 0; M: 0; Y: 35; K: 0"。并去除它的轮廓。

（16）单击工具箱中的"椭圆工具"按钮 ，绘制一个椭圆，如图 2-250 所示。

（17）切换为选择状态，按小键盘上的"+"键复制出两个相同的椭圆，将其中一个向下适当移动，效果如图 2-251 所示。

（18）确认移至下方的椭圆被选择，按住"Shift"键加选上方的一个椭圆，单击工具属性栏上的"焊接"按钮 ，进行焊接。

（19）单击工具箱中的"形状工具"按钮 ，将中间的两个节点选择，如图 2-252 所示，再按"Delete"键删除。

（20）切换为选择状态，选择椭圆，按"Shift+PageDown"组合键将其置于最顶层，并将它填充色的颜色设置为"C: 0; M: 25; Y: 10; K: 0"。再选择焊接的对象，将它的填充色设置为"C: 0; M: 40; Y: 20; K: 0"。框选椭圆和焊接对象，去除它们的轮廓。

图 2-250　　　　　　　　图 2-251　　　　　　　　图 2-252

（21）按"Ctrl+G"组合键将所选的对象群组。将它放置于如图 2-249 所示的图像下方，将图 2-249 中的对象框选后按"Shift+PageUp"组合键将它置于顶层，效果如图 2-253 所示。

（22）绘制一个矩形，按"Ctrl+Q"组合键将它转换为曲线，用形状工具进行调整至如图 2-254 所示的形状。

（23）按住工具箱中的"填充工具"按钮不放，在展开的工具条上单击"渐变填充对话框"按钮。打开"渐变填充"对话框，在该对话框中的颜色调和栏中选中 ⊙⊙自定义⊙ 单选按钮，将两边的颜色框控制点的颜色都改为红色，然后在 70%处双击添加一个颜色框控制点，将颜色设置为"C: 0; M: 33; Y: 33; K: 0"。

（24）绘制一个椭圆并进行复制，将复制的椭圆缩小后放置于如图 2-255 所示的位置。

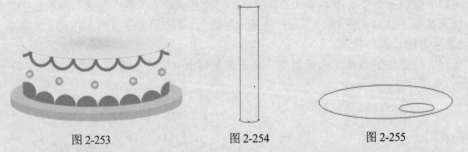

图 2-253　　　　　　　　图 2-254　　　　　　　　图 2-255

（25）将较小的椭圆填充为黄色，较大的椭圆填充为红色。然后单击工具箱中的"交互式调和工具"按钮，对两个圆进行交互式调和，最后去除它们的轮廓。效果如图 2-256 所示。

（26）将如图 2-256 所示的调和对象放置于如图 2-257 所示的位置。

（27）绘制一个椭圆，按"Ctrl+Q"组合键转换为曲线后，单击工具箱中的"形状工具"按钮，将最前面的节点选择，单击工具属性栏上的"使节点成为尖突"按钮，然后调整各处的控制杆，调整后的效果如图 2-258 所示。

（28）切换为选择状态，按小键盘上的"+"键，将调整后的曲线复制一个，将其缩小后，放置于如图 2-259 所示的位置，将缩小的曲线填充为白色，其外部的曲线填充为黄色，然后单击工具箱中的"交互式调和工具"按钮，为这两个曲线添加交互式调和效果。最后去除调和对象的轮廓，效果如图 2-260 所示。

（29）将如图 2-260 所示的对象放置于如图 2-261 所示的位置，将它们群组后，复制出两个，并放置于如图2-262所示的位置。

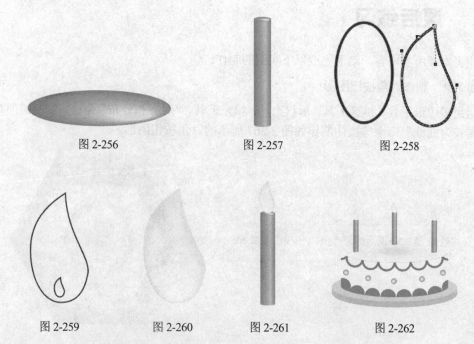

图2-256　　　　　　　　　图2-257　　　　　　　　　图2-258

图2-259　　　　　图2-260　　　　　图2-261　　　　　图2-262

（30）用文本工具输入文字"生日快乐"，字体为华文行楷，切换为选择状态后将它填充为黄色，选择【效果】/【添加透视】命令，效果如图2-263所示。

（31）按住"Ctrl+Shift"组合键将文字上面部分向中心缩小，效果如图2-264所示。

图2-263　　　　　　　　　　　　图2-264

（32）按住工具箱中的"轮廓工具"按钮不放，在展开的工具条上单击"轮廓画笔对话框"按钮，打开"轮廓笔"对话框，在该对话框的轮廓宽度下拉列表框中输入"0.5"，将轮廓颜色改为红色，选中☑后台填充(B)复选框和☑按图像比例显示(M)复选框后单击"确定"按钮。将文字放置于如图2-265所示的位置。

（33）将如图2-265所示的对象框选后，将它们群组，放置于如图2-266所示的位置。至此，生日贺卡制作完成，最终效果如图2-213所示。

图2-265

图2-266

# 2.8　课后练习

根据本章所学内容，动手完成以下实例的制作。

### 练习1　制作六角按钮图形

运用多边形工具、挑选工具、形状工具、填充工具、"对齐和分布"命令、复制图形对象和"转换为曲线"命令等操作制作如图2-267所示的六角按钮图形。

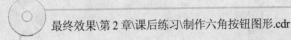

最终效果\第2章\课后练习\制作六角按钮图形.cdr

图 2-267

### 练习2　制作播放按钮图形

运用椭圆工具、挑选工具、形状工具、渐变填充工具、"对齐和分布"命令、"群组"命令、复制图形对象、"转换为曲线"命令等操作制作如图2-268所示的播放按钮图形。

最终效果\第2章\课后练习\制作播放按钮图形.cdr

图 2-268

### 练习3　制作档案袋

运用矩形工具、图纸工具、螺纹工、完美形状工具组等操作制作如图 2-269 所示的档案袋。

最终效果\第 2 章\课后练习\制作档案袋.cdr

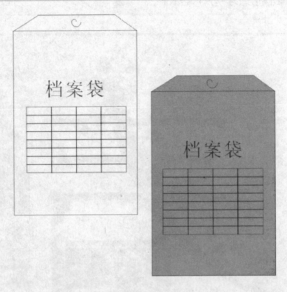

图 2-269

### 练习 4　制作水杯

运用矩形工具、基本形状工具组、设置圆滑值、对矩形进行圆角化处理等操作制作如图 2-270 所示的一组水杯。

最终效果\第 2 章\课后练习\制作水杯.cdr

图 2-270

### 练习 5　制作房产广告

运用文本工具、矩形工具、形状工具、以及"裁剪"命令等操作，将几幅图像素材制作成一个房产广告，最终效果如图 2-271 所示。

素材文件\第 2 章\课后练习\制作房产广告\效果图 1.jpg、效果图 2.jpg、花.cdr

最终效果\第 2 章\课后练习\房产广告.cdr

图 2-271

### 练习 6 制作地毯装饰图案

运用矩形工具、交互式调和工具、贝塞尔工具、"复制"命令等操作制作如图 2-272 所示地毯装饰图案。

最终效果\第 2 章\课后练习\地毯装饰图案.cdr

图 2-272

**练习 7　制作蜡烛图形**

运用矩形工具、椭圆工具、交互式调和工具、渐变填充工具、设置阴影效果等操作制作如图 2-273 所示的蜡烛图形。

 最终效果\第 2 章\课后练习\蜡烛图形.cdr

图 2-273

### 练习 8　制作情人节贺卡

运用贝塞尔工具结合形状工具、矩形工具、渐变填充工具、均匀填充、文本工具等操作制作如图 2-274 所示的情人节贺卡。

　最终效果\第 2 章\课后练习\情人节贺卡.cdr

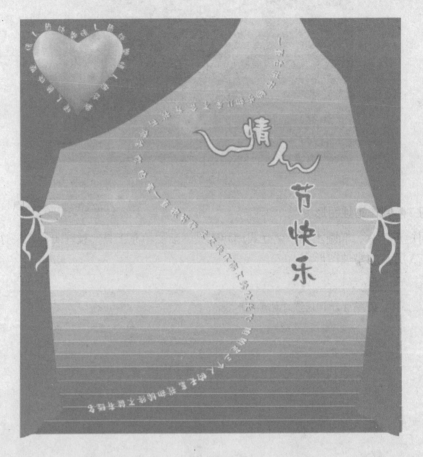

图 2-274

### 练习 9　制作接待前台效果

根据提供的素材，运用矩形工具、形状工具、轮廓工具、贝塞尔工具、椭圆工具、渐变填充工具、手绘工具、交互式调和工具、图样填充、交互式填充工具、修剪和群组对象以及复制和镜像等操作制作如图 2-275 所示的接待前台效果。

　素材文件\第 2 章\课后练习\制作接待前台效果\人物 1.jpg、人物 2.jpg
最终效果\第 2 章\课后练习\制作接待前台效果.cdr

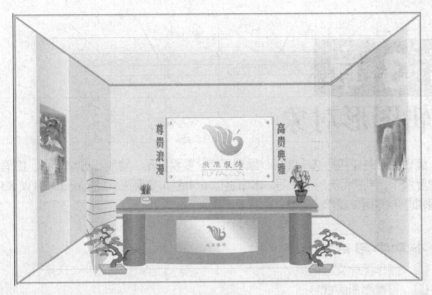

图 2-275

**练习 10　制作母亲节卡片**

运用矩形工具、填充工具、文本工具、形状工具、贝塞尔工具、轮廓工具、交互式阴影工具、交互式调、工具和群组图形对象等操作制作如图 2-276 所示的母亲节卡片。

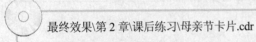

最终效果\第 2 章\课后练习\母亲节卡片.cdr

图 2-276

# 第 3 章

## 编辑图形对象

编辑图形对象包括选择图形、编辑节点、变换图形、复制和删除图形、撤消和恢复操作、再制和仿制图形等。本章将以 6 个制作实例来介绍 CorelDRAW X3 中编辑图形的相关操作。

**本章学习目标:**
- 制作图像文字效果
- 设置画册版式
- 制作名片
- 制作书籍封面设计效果图
- 制作水果 POP 广告
- 设计酸奶包装立体效果图

## 3.1 制作图像文字效果

**实例目标**

利用文本工具、"导入"命令和"放置在容积中"命令,将导入的"图像"置入文字中,并利用"编辑内容"命令对图像进行设置,最终效果如图 3-1 所示。

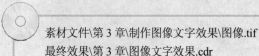
素材文件\第 3 章\制作图像文字效果\图像.tif
最终效果\第 3 章\图像文字效果.cdr

图 3-1

**制作思路**

　　本例的制作思路如图 3-2 所示，涉及的知识点有文字工具、挑选工具、"导入"命令和"图框精确剪裁"命令的使用，其中"图框精确剪裁"命令是本例的重点。

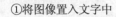

①将图像置入文字中　　　　　　　　　　　　②编辑文字中的图像

图 3-2

**操作步骤**

　　（1）单击工具箱中的"文字工具"按钮 ，在页面上单击一次，输入文字，再单击工具箱中的"挑选工具"按钮 。在属性栏上将文字字体设置为"汉仪综艺体简"，将字号设置为"72"，再按"Enter"键，如图 3-3 所示。

　　（2）在工具标准栏上单击 按钮，导入"图像.tif"图像文件，如图 3-4 所示。

图 3-3　　　　　　　　　　　　　　　　图 3-4

　　（3）选中图像，选择【效果】/【图框精确剪裁】/【放置在容器中】命令，这时光标变为黑色箭头，在文字上单击鼠标，即将图像置入文字中，效果如图 3-5 所示。

　　（4）在文字上单击鼠标右键，从弹出的快捷菜单中选择"编辑内容"命令，如图 3-6 所示。

图 3-5　　　　　　　　　　　　　　　　图 3-6

　　（5）选中图像，将光标移至其右上角并向外拉动，调节其大小，使其将文字完全填充。调整完图像之后，再单击鼠标右键，在弹出的快捷菜单中选择"完成编辑这一级"命令，完成制作，最终效果如图 3-1 所示。

# 3.2　设置画册版式

**实例目标**

使用图形的选择、移动、旋转、缩放、镜像变换以及交互式阴影工具等操作，完成后的画册版式最终效果如图 3-7 所示。

素材文件\第 3 章\设置画册版式效果\画册模版.cdr…
最终效果\第 3 章\设置画册版式效果.cdr

图 3-7

**制作思路**

本例的制作思路如图 3-8 所示，涉及的知识点有导入文件、添加辅助线、选择图像、水平镜像变换图像、旋转图像、移动图像羽化等操作，其中变换和移动图像是本例的重点内容。

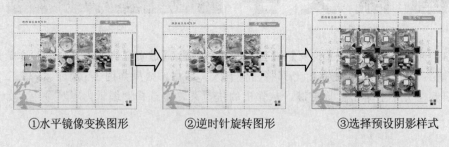

①水平镜像变换图形　　　　②逆时针旋转图形　　　　③选择预设阴影样式

图 3-8

**操作步骤**

（1）打开画册的模板文件"画册模板.cdr"，如图 3-9 所示，将其另存为"画册排版.cdr"。

（2）单击属性栏中的"导入"按钮，在打开的"导入"对话框中选择"图像 1.jpg"选项。

（3）单击"导入"按钮，将光标移到绘图区中，光标变为形状，单击左键导入图形，如图 3-10 所示。

（4）在"对象的大小"文本框 ![281.164 mm / 344.664 mm] 中分别输入"36"和"45"，单位为"毫米"，按"Enter"键应用变换。

图 3-9

图 3-10

（5）将光标移到图形中心控制点 × 上，光标变为 ✥ 形状，按住鼠标左键不放并拖动至如图 3-11 所示位置松开鼠标。

（6）在水平标尺上按住鼠标左键不放向下拖动，此时出现一条红色辅助线，将其移到与图片的上边缘重合时松开左键，完成水平辅助线的添加。

（7）使用相同的方法添加一条与图片左边缘重合的垂直辅助线，如图 3-12 所示。

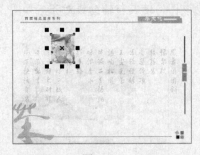

图 3-11

图 3-12

（8）用相同的方法依次导入 3 张图片"图片 2.jpg"、"图片 3.jpg"和"图片 4.jpg"，均缩放为"36mm × 45mm"，并使其上边缘对齐在同一水平辅助线上，如图 3-13 所示。

（9）添加 3 条辅助线，分别与第 2、第 3 和第 4 张图片的左边缘重合，如图 3-14 所示。

图 3-13

图 3-14

（10）选择【视图】/【贴齐辅助线】命令，移动图片时图形的边缘会自动吸附到附近的辅助线上。

（11）导入图形"图片 5.jpg"，缩放为"37mm×37mm"大小。将其移到第 2 行，左边缘与第 1 行图形对齐，然后添加一条与其上边缘重合的辅助线，如图 3-15 所示。

（12）依次导入"图片 6.jpg"、"图片 7.jpg"和"图片 8.jpg"，大小均缩放为"37mm×37mm"，并使其上边缘对齐在同一水平线上，如图 3-16 所示。

图 3-15

图 3-16

（13）使用挑选工具 选择第 2 行第 1 个图形，对其进行水平镜像变换，按住"Ctrl"键不放拖动其右侧的控制柄，当其左侧出现灰色虚线框时松开鼠标，如图 3-17 所示。

（14）按住"Ctrl"键不放并水平向右移动该图，使其与辅助线对齐，如图 3-18 所示。

图 3-17

图 3-18

（15）选择第 2 行第 3 个图形，直接单击属性栏中的"水平镜像"按钮 对其进行水平镜像变换，如图 3-19 所示。选择第 2 行第 2 个图形，单击属性栏中的"垂直镜像"按钮 对其进行垂直镜像变换操作。

图 3-19

（16）选择第2行第4个图形，在其属性栏的"旋转角度"文本框 $\boxed{0}$ 中输入"180"后按"Enter"键，将其逆时针旋转180°，注意此操作与垂直镜像变换作用是不同的，如图3-20所示。

（17）依次导入第3行的图形"图片9.jpg"、"图片10.jpg"、"图片11.jpg"和"图片12.jpg"，大小均缩放为"37mm×45mm"，并使其与前两行图形对齐，如图3-21所示。

图 3-20

图 3-21

（18）选择【视图】/【辅助线】命令，取消显示辅助线。在绘图区的空白处按住鼠标左键并拖动，使蓝色虚线框框住所有图片，松开鼠标即可选择所有图形，如图3-22所示。

（19）单击工具箱中的"交互式调和工具"按钮 不放，在展开的工具栏中单击"交互式阴影工具"按钮 ，切换为交互式阴影工具。

（20）在属性栏的"预设列表"下拉列表框中选择"右下透视图"选项，设置后的效果如图3-23所示。

图 3-22

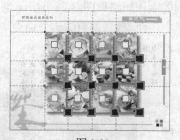
图 3-23

（21）单击属性栏右侧的"阴影羽化方向"按钮 ，在弹出的菜单中单击"向内"按钮 ，在"阴影颜色"下拉列表框中单击"20%黑"色块 ，如图3-24所示。

（22）设置完成，最终效果如图3-7所示。

图 3-24

# 3.3 制作名片

 **实例目标**

利用"导入"对话框导入"外国人.jpg",使用"图框精确裁剪"命令将图片置入矩形容器中即可。然后使用文字工具结合挑选工具缩放输入的文字,最后使用形状工具和文本适合于路径命令排列文字即可,最终效果如图 3-25 所示。

素材文件\第 3 章\制作名片\外国人.jpg
最终效果\第 3 章\名片.cdr

图 3-25

**制作思路**

本例的制作思路如图 3-26 所示,涉及的知识点有矩形工具、形状工具、填充工具、"放置在容器中"命令、"结束编辑"命令、文本工具、手绘工具等操作,其中"放置在容器中"命令是本例的重点内容。

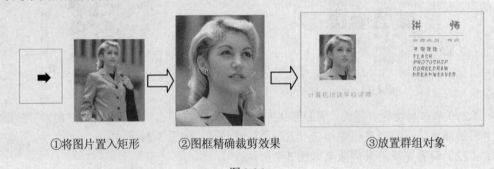

①将图片置入矩形　　②图框精确裁剪效果　　③放置群组对象

图 3-26

 **操作步骤**

## 3.3.1 绘制主体框架

(1)在 CorelDRAW 中新建一个绘图页面后,单击工具箱中的"矩形工具"按钮□,切换为矩形工具,在绘图区中拖动鼠标绘制一个矩形。

（2）按空格键切换为挑选工具，在属性栏的"对象的大小"数值框中分别输入"90"和
"55"，完成后按"Enter"键设置好名片的大小，如图 3-27 所示。使用矩形工具再绘制一个
矩形，属性栏的"对象的大小"数值框中设置其长度为"90mm"、高为"5mm"。

（3）切换为挑选工具后框选两个矩形，单击属性栏中的 按钮，弹出"对齐与分布"对
话框，选中☑下(B)复选框和☑中(C)复选框，，单击"应用"按钮应用对齐效果后，单击"关闭"
按钮关闭对话框，如图 3-28 所示。

图 3-27　　　　　　　　　　　　　　　　图 3-28

（4）选取小矩形，单击属性栏中的 按钮将矩形转曲。单击工具箱中的"形状工具"按
钮 ，切换为形状工具，选取右上角的节点，如图 3-29 所示，按"Delete"键将它删除。

（5）继续使用形状工具调整曲线的形状至如图 3-30 所示的效果。

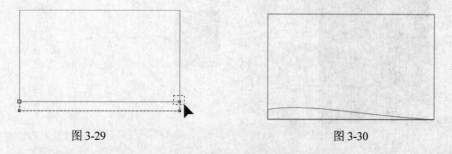

图 3-29　　　　　　　　　　　　　　　　图 3-30

（6）单击工具箱中的"填充工具"按钮 ，在展开的工具栏中单击"填充对话框"按钮
 ，在弹出的"均匀填充"对话框中设置颜色为"C: 0; M: 0; Y: 20; K: 0"。完成后单
击"确定"按钮，最后在调色板的⊠色块上单击鼠标右键去除曲线的轮廓。

## 3.3.2　导入图片

（1）单击标准工具栏中的 按钮，打开"导入"对话框，选择文件名为"外国人.jpg"
的文件后，单击"导入"按钮导入图片。

（2）使用矩形工具绘制一个矩形，设置其长为"18mm"，高为"22mm"。

（3）选取导入的图片，选择【效果】/【图框精确裁剪】/【放置在容器中】命令，移动
光标至上一步绘制的矩形中，单击鼠标将图片置入矩形，如图 3-31 所示。

（4）在矩形上单击鼠标右键，在弹出的快捷菜单中选择"编辑内容"命令，进入矩形内

部，将图片缩小至适当大小后，将头像区域移至矩形上，如图 3-32 所示。

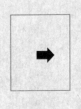

图 3-31                                               图 3-32

（5）在图片上单击鼠标右键，在弹出的快捷菜单中选择"结束编辑"命令，退出裁剪编辑状态，效果如图 3-33 所示。

（6）在调色板的⊠色块上单击鼠标右键去除矩形的轮廓，然后移动矩形至如图 3-34 所示的位置。

图 3-33                                               图 3-34

### 3.3.3　输入文字

（1）单击工具箱中的"文本工具"按钮✍，在绘图区中单击鼠标，输入文字"计算机培训学校讲师"，切换为挑选工具后，在属性栏中的"字体列表"下拉列表框中设置文字的体为黑体，在"字体大小列表"下拉列表框中输入"9"，然后按"Enter"键确认。

（2）单击调色板中的橘红色色块，将文字的颜色设置为橘红色，然后将其移至如图 3-35 所示的位置。

（3）使用文本工具输入"讲师"，设置其字体为"文鼎中特广告体"，字体大小为"17"，将其填充为红色。

（4）按"F10"键切换为形状工具，向右拖动⯈符号加大文字的间距，如图 3-36 所示。最后将文字移至如图 3-37 所示的位置。

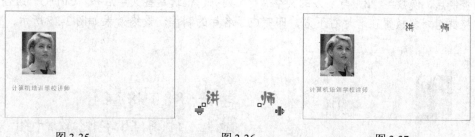

图 3-35　　　　　　　　　　图 3-36　　　　　　　　　　图 3-37

（5）单击工具箱中的"手绘工具"按钮 ，在文字"讲师"下绘制一条直线，通过属性栏中的"轮廓宽度"下拉列表框设置线宽为"0.3mm"，并将其填充为橘红色，如图 3-38 所示。

（6）使用文本工具输入 "讲师级别：特级"，切换为挑选工具后，设置其字体为微软简隶书，字号大小为 6，单击调色板中的 40%黑色设置文字为灰色。

（7）切换为挑选工具，框选文字"特级"下方的控制点，在控制点上按住鼠标向右拖动以加大文字的间距，如图 3-39 所示。

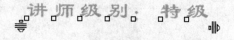

图 3-38　　　　　　　　　　　　　　　　　　图 3-39

（8）将文字移至直线下方，如图 3-40 示。使用文字工具输入"开设课程"，设置其字体为 "文鼎中特广告体"，字体大小为"8"，填充色为 60%黑色，复制多个文字对象并修改内容，最后将文字排列为如图 3-41 的效果。

开设课程：
FLASH
PHOTOSHOP
CORELDRAW
DREAMWEAVER

图 3-40　　　　　　　　　　　　　　　　　图 3-41

（9）框选图 3-41 所示的文字对象，按"Ctrl+G"组合键群组，将群组对象放置在如图 3-42 所示的位置。

（10）按步骤 8 的方法使用文字工具输入其他内容，如图 3-43 所示。其使用的字体为"楷体 GB_2312"，字体大小为"6"，文字的颜色为黑色。

（11）切换为挑选工具，选取文字 88098744 下方的控制点，按照步骤（7）的方法向右拖动控制点，使数字"8"与下方的文字"计"对齐。框选这些文字后按"Ctrl+G"组合键群组，将群组对象放置在名片右下方，即完成了名片的制作，最终效果如图 3-25 所示。

图 3-42

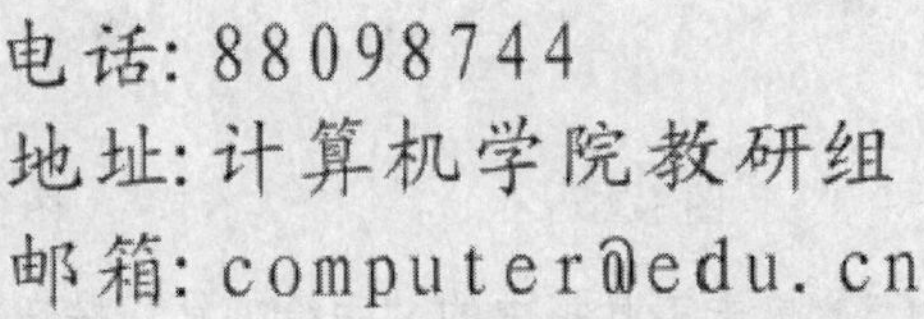

电话: 88098744
地址: 计算机学院教研组
邮箱: computer@edu.cn

图 3-43

# 3.4    制作书籍封面设计效果图

利用贝塞尔工具绘制书籍封面图形，然后使用符号形状工具绘制预设形状、旋转图形和镜像图像，利用文本工具输入美术字文本，并在文本，中添加符号，最后用粗糙笔刷编辑图形。最终效果如图 3-44 所示。

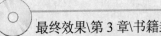
最终效果\第 3 章\书籍封面设计效果图.cdr

图 3-44

本例的制作思路如图 3-45 所示，涉及的知识点有贝塞尔工具结合形状工具的运用、标准填充工具、符号形状工具、旋转图形、镜像图形、用粗糙笔刷编辑图形等操作，其中用粗糙笔刷编辑图形和标准填充工具的使用是本例的重点内容。

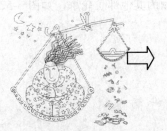 

①制作书籍封面　　　　　　②设计书籍封面版式

图 3-45

## 3.4.1　书籍封面图形的制作

（1）新建一个图形文件，其页面方向为默认的横向。

（2）单击工具箱中的"贝塞尔工具"按钮，在绘图页面中绘制出如图 3-46 所示的秤杆。再使用贝塞尔工具，在绘图页面中绘制出如图 3-47 所示的秤砣，并复制，如图 3-48 所示。

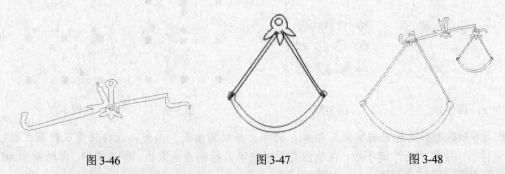

图 3-46　　　　　　　　　图 3-47　　　　　　　　　图 3-48

（3）将绘制的图形组合，如图 3-49 所示。单击工具箱中的"椭圆工具"按钮，绘制出椭圆，选择【排列】/【转换为曲线】命令，将图形转换为曲线，使用形状工具编辑椭圆节点，将椭圆外形编辑为不规则的形状，如图 3-50 所示。再单击工具箱中的"贝塞尔工具"按钮，在绘图页面中绘制出人物手形轮廓，如图 3-51 所示。

图 3-49　　　　　　　　　图 3-50　　　　　　　　　图 3-51

（4）使用贝塞尔工具在绘图页面中绘制出人物的其他部位轮廓，如图 3-52 所示。在绘图页面中绘制出人物头发轮廓，如图 3-53 所示。

图 3-52　　　　　　　　　　　　　　　　　　图 3-53

（5）将头发轮廓图形复制若干，与人物其他轮廓组合起来，如图 3-54 所示。单击工具箱中的"星形工具"按钮 ，单击其属性栏上的 按钮，打开如图 3-55 所示的星形下拉列表框。选择其中的一种星形，在绘图区中绘制星形，效果如图 3-56 所示。选择【排列】/【转换为曲线】命令，可以使图形转换为曲线，如图 3-57 所示。

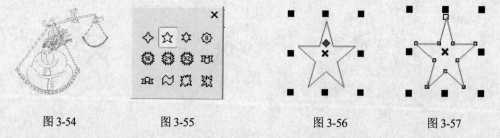

图 3-54　　　　　　　图 3-55　　　　　　　图 3-56　　　　　　　图 3-57

（6）单击工具箱中的椭圆工具 ，将光标移动到绘图页面中，光标将变成椭圆工具绘图光标 。按住"Ctrl"键不放，在绘图页面中拖动鼠标到合适大小，释放鼠标，再释放"Ctrl"键，绘制出一个正圆图形，如图3-58所示。

（7）使用挑选工具选择这个正圆，再按小键盘上"+"键复制出与原图形等大的、重叠的正圆，将复制正圆放置在原始正圆，右上半部分，如图 3-59 所示。使用挑选工具 选中两个正圆，使其处于选取状态，单击属性栏中修剪图标，效果如图 3-60 所示。

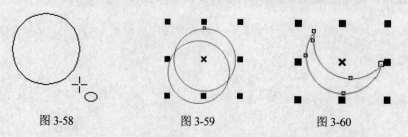

图 3-58　　　　　　　图 3-59　　　　　　　图 3-60

（8）将前面制作的星形和月形复制若干，通过缩小与前面的图形组合在一起，如图 3-61

所示。

（9）选择【文本】/【插入符号字符】命令，打开"插入字符"泊坞窗，如图 3-62 所示。

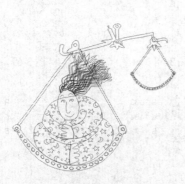

图 3-61　　　　　　　　　　　　　　　　图 3-62

（10）在泊坞窗的 字体(F): [Tr Arial Unicode M ∨] 下拉列表框中选择符号所在的字符集，然后在符号显示列表框中用鼠标双击要添加的符号或单击"插入"按钮，添加后的效果如图 3-63 所示。

（11）将这些字符样式通过变形、缩放等操作，与制作好的图形组合在一起，如图 3-64 所示。

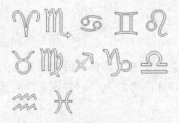

图 3-63　　　　　　　　　　　　　　　　图 3-64

（12）调整画面元素，效果如图 3-65 所示。单击工具箱中的"填充工具"按钮，将弹出填充工具展开条，用鼠标单击"填充对话框"按钮，将打开"均匀填充"对话框。在对话框中将画面图形的颜色设置为如图 3-66 所示色彩，颜色 CMYK 参数有 9 组，每组从左到右、从上到下的颜色填充值分别如图 3-67～图 3-75 所示。填充效果如图 3-76 所示。

图 3-65　　　　　　　　　　　　　　　　图 3-66

| C | 0 | R | 31 |
|---|---|---|---|
| M | 0 | G | 26 |
| Y | 20 | B | 22 |
| K | 0 | | |

图 3-67

| C | 0 | R | 255 |
|---|---|---|---|
| M | 0 | G | 249 |
| Y | 60 | B | 116 |
| K | 0 | | |

图 3-68

| C | 0 | R | 248 |
|---|---|---|---|
| M | 20 | G | 195 |
| Y | 100 | B | 0 |
| K | 0 | | |

图 3-69

| C | 0 | R | 239 |
|---|---|---|---|
| M | 40 | G | 154 |
| Y | 80 | B | 72 |
| K | 0 | | |

图 3-70

| C | 5 | R | 183 |
|---|---|---|---|
| M | 0 | G | 184 |
| Y | 79 | B | 73 |
| K | 21 | | |

图 3-71

| C | 20 | R | 182 |
|---|---|---|---|
| M | 0 | G | 221 |
| Y | 20 | B | 199 |
| K | 0 | | |

图 3-72

| C | 60 | R | 102 |
|---|---|---|---|
| M | 40 | G | 122 |
| Y | 0 | B | 179 |
| K | 0 | | |

图 3-73

| C | 40 | R | 98 |
|---|---|---|---|
| M | 0 | G | 134 |
| Y | 13 | B | 141 |
| K | 35 | | |

图 3-74

| C | 51 | R | 86 |
|---|---|---|---|
| M | 34 | G | 96 |
| Y | 0 | B | 100 |
| K | 39 | | |

图 3-75

（13）使用矩形工具沿画面边框绘制一个框架，单击工具箱中的"填充工具"按钮 ，将弹出填充工具展开条，单击"填充对话框"按钮 ，将打开"均匀填充"对话框。在该对话框中将框架的颜色设置为如图 3-77 所示。

图 3-76                    图 3-77

（14）单击"确定"按钮，填充效果如图 3-78 所示。使用矩形工具沿画面边框绘制一个书籍封面的框架，如图 3-79 所示。

（15）单击工具箱中的"填充工具" ，将弹出填充工具展开条，用鼠标单击"填充对话框"按钮 ，打开"均匀填充"对话框。在该对话框中将框架的颜色设置为如图 3-80 所示色彩。填充效果如图 3-81 所示。

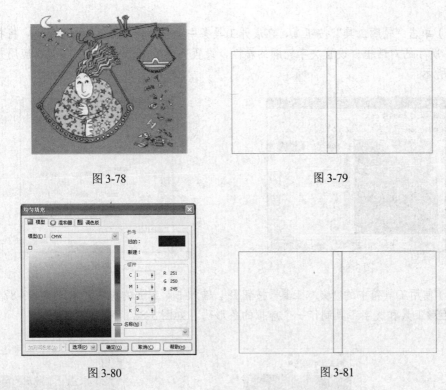

图 3-78　　　　　　　　　　　　　　图 3-79

图 3-80　　　　　　　　　　　　　　图 3-81

（16）将图 3-78 所示的图形群组并移到书架上，如图 3-82 所示。

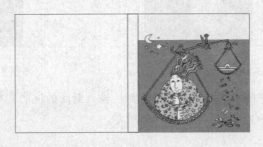

图 3-82

## 3.4.2　书籍封面版式的编排

（1）单击工具箱的"文本工具"按钮，在绘图页面中需要输入文字的位置单击鼠标左键，出现竖直插入光标，此时其文字工具属性栏如图 3-83 所示。再输入文本。

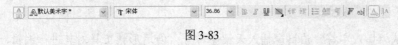

图 3-83

（2）单击工具箱中的"填充工具"按钮，将弹出填充工具展开条，用鼠标单击"填充对话框"按钮，打开"均匀填充"对话框，在对话框中将文字的颜色设置为如图 3-84 所示色彩。

（3）单击"轮廓工具"按钮 ，在展开工具条中单击"轮廓画笔对话框" ，将打开如图 3-85 所示的对话框。设置文字轮廓的属性，设置完成后单击"确定"按钮，应用效果如图 3-86 所示。

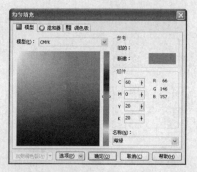

图 3-84

图 3-85

（4）使用工具箱中的"文本工具"按钮 ，输入书籍封面的说明文本，如图 3-87 所示。再使用矩形工具和文字工具制作一个虚拟的条形码，如图 3-88 所示。

图 3-86

图 3-87

（5）使用工具箱中的"文本工具"按钮 ，输入封底的说明文本，如图 3-89 所示。将文字和虚拟的条形码组合在一起，如图 3-90 所示。

图 3-88

图 3-89

（6）从"插入字符"泊坞窗插入天秤座符号，使用形状工具对其进行编辑，然后填色，效果如图 3-91 所示。将天秤座的符号和制作好的封面组合在一起，完成制作，最终效果如图 3-25 所示。

图 3-90　　　　　　　　　　　　　　　　　图 3-91

# 3.5　制作水果 POP 广告

## 实例目标

使用椭圆工具、矩形工具、自由形状工具、修剪命令、均匀填充等工具制作西瓜 POP 图形，然后利用轮廓笔工具设置图形的颜色和宽度，再利用文本工具、"转换为曲线"命令、形状工具、标准填充工具制作手绘效果的 POP 文字，最后将图形和文字组合在一起，最终效果如图 3-92 所示。

最终效果\第 3 章\水果 POP 广告.cdr

图 3-92

## 制作思路

本例的制作思路如图 3-93 所示，涉及的知识点有贝赛尔工具、选取图形对象、移动对象、标准填充、修剪图形、交互式变形工具、使用形状工具编辑线条的形状等操作，其中修剪图形和交互式变形工具是本例的重点内容。

**123**

 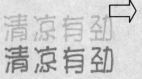 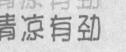 

①绘制西瓜 POP 图形　　　②手绘 POP 文字　　　③组合图形和文字

图 3-93

### 3.5.1　绘制西瓜

（1）新建一个图形文件，其页面方向为默认的竖向。

（2）单击工具箱中的"椭圆工具"按钮 ◯，绘制一个椭圆，如图 3-94 所示。用挑选工具选取椭圆形，然后将光标移动到对象的中心控制手柄上，按住鼠标左键不放并拖动，再单击鼠标右键在原始椭圆之上，复制出一个椭圆，如图 3-95 所示。

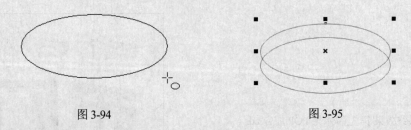

图 3-94　　　　　　　　　　　　　　　　　图 3-95

（3）选中两个椭圆，单击工具属性栏中的"修剪" ▢ 按钮，效果如图 3-96 所示。

（4）选取修剪的图形，将其再复制一个，效果如图 3-97 所示。

图 3-96　　　　　　　　　　　　　　　　　图 3-97

（5）使用形状工具调节修剪图形的形状，效果如图 3-98 所示。同样使用形状工具调节复制修剪图形的节点，效果如图 3-99 所示。

（6）复制上面的修剪图形，放置在下面修剪图形之中作为纹理，如图 3-100 所示。使用矩形工具在左边绘制一个矩形，效果如图 3-101 所示。

（7）使用挑选工具选中矩形和下面的修剪图形，单击工具属性栏中的工具"焊接"按

钮 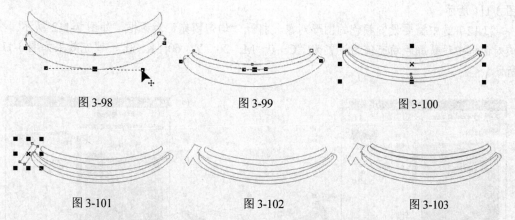，效果如图 3-102 所示。将其作为西瓜皮，再将上面的修剪图形复制一个，如图 3-102 所示。

图 3-98　　　　　　　　图 3-99　　　　　　　　图 3-100

图 3-101　　　　　　　　图 3-102　　　　　　　　图 3-103

（8）用挑选工具选中西瓜皮，打开"均匀填充"对话框。将其颜色填充值设置为"C: 100; M: 0; Y: 100; K: 0"，如图 3-104 所示。单击"确定"按钮，效果如图 3-105 所示。

（9）将西瓜皮中的纹理填充为黑色，如图 3-106 所示。再使用交互式变形工具选中纹理，单击其工具属性栏中的 按钮，在纹理上拉动光标，效果如图 3-107 所示。

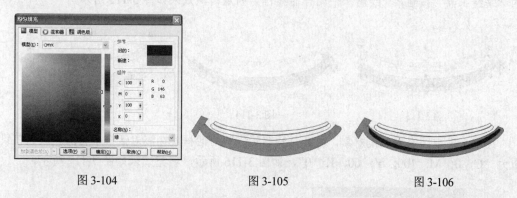

图 3-104　　　　　　　　图 3-105　　　　　　　　图 3-106

（10）选中西瓜皮，打开"轮廓笔"对话框，设置其轮廓宽度，如图 3-108 所示的色彩。单击"确定"按钮，效果如图 3-109 所示。

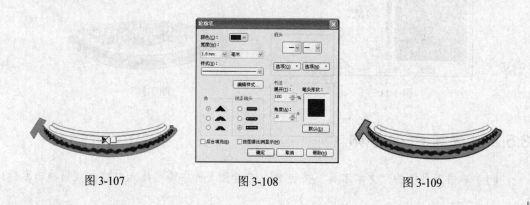

图 3-107　　　　　　　　图 3-108　　　　　　　　图 3-109

（11）选中下面的修剪图形对象，打开如图 3-110 所示的"均匀填充"对话框，在该对话框中将颜色设置填充值为"C: 0; M: 20; Y: 40; K: 0"，再进行图形的填充，效果如图 3-111 所示。

（12）选中需要设置颜色的图形对象，打开"均匀填充"对话框，如图 3-112 所示。在该对话框中设置颜色填充值为设置为"C: 0; M: 20; Y: 60; K: 0"，填充效果如图 3-113 所示。

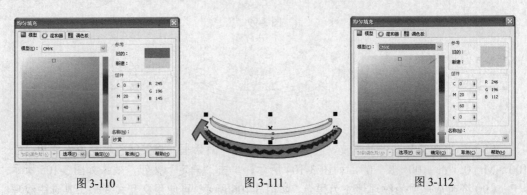

图 3-110 图 3-111 图 3-112

（13）单击调色板中的⊠按钮，去除其轮廓线，效果如图 3-114 所示，再单击工具箱中的"手绘工具"按钮✎，绘制一个闭合曲线作为西瓜肉，效果如图 3-115 所示。

图 3-113 图 3-114 图 3-115

（14）选中闭合的曲线对象，打开"均匀填充"对话框。在该对话框中将颜色填充值设置为"C: 0; M: 100; Y: 60; K: 0"，如图 3-116 所示，填充效果如图 3-117 所示。

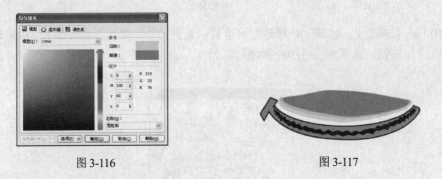

图 3-116 图 3-117

## 3.5.2　手绘 POP 字体

（1）单击工具箱的"文本工具"按钮❀，在绘图页面中需要输入文字的位置单击鼠标左键，出现竖直插入光标，此时其文本工具属性栏如图 3-118 所示。输入文字，如图 3-119 所示。

图 3-118　　　　　　　　　　　　　　　　　图 3-119

（2）用挑选工具选取需要转换的美工文字，选择【排列】/【转换为曲线】命令，可以使美工文字转换为曲线，再选择【排列】/【拆分】命令，将文字打散。选择"西"字用鼠标左键单击调色板中的⊠按钮，取消图形对象的填充，如图 3-120 所示。

（3）使用形状工具编辑文字的节点，效果如图 3-121 所示。使用同样的方法编辑"瓜"字的节点，如图 3-122 所示。

图 3-120　　　　　　　　　　图 3-121　　　　　　　　　　图 3-122

（4）用挑选工具选中需要设置颜色的图形对象，打开"均匀填充"对话框。在该对话框中将颜色填充值设置为"C：0；M：100；Y：60；K：0"，如图 3-123 所示，填充效果如图 3-124 所示。

（5）选取要倾斜的对象，再次单击对象，其四周将出现倾斜控制柄 ↔ 和 ↕。将光标移动到倾斜控制柄 ↔ 或 ↕ 上，光标变成倾斜按钮↕或↔时，按下鼠标左键不放，拖动鼠标，出现蓝色虚线框表示的倾斜方向和角度，达到所需效果后释放鼠标即可，效果如图 3-125 所示。将文字与图形进行修剪，效果如图 3-126 所示。

图 3-123　　　　　　　　　　图 3-124　　　　　　　　　　图 3-125

（6）挑选工具选中需要编辑轮廓颜色的图形对象，使其处于选取状态。单击工具箱中的"轮廓工具"按钮，在展开工具条中单击"轮廓画笔对话框"按钮，将打开如图 3-127

所示的"轮廓笔"对话框。设置完成后单击"确定"按钮，应用设置的轮廓颜色。图 3-128 所示为设置轮廓颜色后的效果。

图 3-126 　　　　　　　　　　图 3-127 　　　　　　　　　　图 3-128

（7）将两组文字组合在一起，效果如图 3-129 所示。单击工具箱的"文本工具"按钮，在绘图页面中需要输入文字的位置单击鼠标，出现竖直插入光标，此时其文本工具属性栏如图 3-130 所示。文字效果如图 3-131 所示。

图 3-129 　　　　　　　　　　图 3-130 　　　　　　　　　　图 3-131

（8）用挑选工具选中需要设置颜色的图形对象，打开"均匀填充"对话框，在该对话框中将颜色填充值设置为"C: 60; M: 0; Y: 20; K: 0"，如图 3-132 所示，填充效果如图 3-133 所示。

（9）用挑选工具选中需要设置颜色的图形对象，打开"均匀填充"对话框。在该对话框中将颜色填充值设置为"C: 20; M: 0; Y: 20; K: 0"，如图 3-134 所示，填充效果如图 3-135 所示。

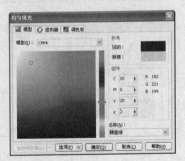

图 3-132 　　　　　　　　　　图 3-133 　　　　　　　　　　图 3-134

（10）将文字与前面绘制的图形组合在一起，效果如图 3-136 所示。使用矩形工具绘制一个矩形，如图 3-137 所示。

图 3-135　　　　　　　　　图 3-136　　　　　　　　　图 3-137

（11）单击工具箱中的"交互式变形工具"按钮，选中需要变形的图形，在图形上拖动光标，图形的交互式变形效果如图 3-138 所示。将该图形复制两个，并且缩小、旋转一定角度，与原图形组合在一起，效果如图 3-139 所示。

图 3-138　　　　　　　　　　　　　图 3-139

### 3.5.3　组合手绘效果的 POP 广告图形与文字

（1）单击工具箱中的"基本形状工具"按钮，在其工具属性栏中单击按钮下角的按钮，打开如图 3-140 所示的预设图形下拉列表框。单击选择其中某一种形状图形，然后在绘图页面中单击并拖动鼠标，即可绘制了相应的预设图形，效果如图 3-141 所示。

（2）选择【排列】/【转换为曲线】命令，使图形转换为曲线，使用形状工具编辑图形节点，效果如图 3-142 所示。

图 3-140　　　　　　　　　图 3-141　　　　　　　　　图 3-142

（3）将图形填充为黑色，效果如图 3-143 所示。将该图形复制若干，缩小并且旋转一定角度，与原图形组合在一起，制作出西瓜籽，效果如图 3-144 所示。单击工具箱中的"手绘工具"按钮，或从曲线展开工具条中单击"手绘工具"按钮，使用手绘工具绘制一条曲线，效果如图 3-145 所示。

图 3-143          图 3-144          图 3-145

（4）使用贝塞尔工具绘制一条曲线和线段，如图 3-146 所示的效果。将所有制作好的图形组合起来，效果如图 3-147 所示。

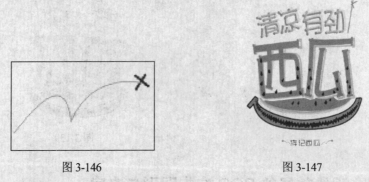

图 3-146          图 3-147

（5）单击工具箱中的"椭圆工具"按钮，将光标移动到绘图页面中，绘制出一个椭圆图形，再复制 3 个椭圆，进行适当地缩放，如图 3-148 所示。选中绘制的椭圆，单击工具属性中的按钮，如图 3-149 所示。将椭圆焊接在一起，效果如图 3-150 所示。

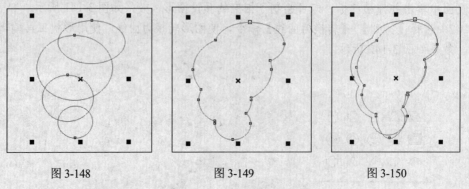

图 3-148          图 3-149          图 3-150

（6）将焊接的椭圆复制一个并调整其位置，如图 3-151 所示，再将二者选中，使用鼠标单击工具属性栏中的按钮。

（7）使用矩形工具绘制一个矩形并将其复制 3 个，如图 3-152 所示，再选中矩形和减掉的图形，单击工具属性栏中的 按钮，将其焊接作为花边，再使用形状工具编辑其的节点，效果如图 3-153 所示。

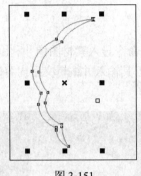

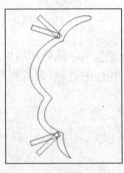

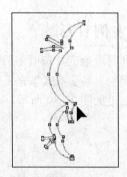

图 3-151　　　　　　　　　图 3-152　　　　　　　　　图 3-153

（8）用挑选工具选中花边，打开"均匀填充"对话框。在该对话框中将颜色填充值设置为"C: 0; M: 60; Y: 60; K: 40"，设置参数如图 3-154 所示，填充效果如图 3-155 所示。将其复制一个，水平镜像与制作好的图形组合在一起，效果如图 3-156 所示。

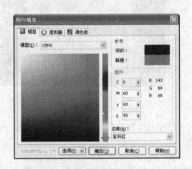

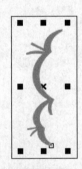

图 3-154　　　　　　　　　图 3-155　　　　　　　　　图 3-156

（9）使用矩形工具绘制一个背景矩形，再打开"均匀填充"对话框。在对话框中将颜色填充值设置为"C: 1; M: 0; Y: 1; K: 0"，设置参数如图 3-157 所示，最终效果如图 3-158 所示。

图 3-157　　　　　　　　　　　　图 3-158

# 3.6 设计酸奶包装立体效果图

## 实例目标

利用矩形工具和填充工上具创建包装，然后利用"导入"命令导入素材图像并利用交互式透明工具和交互式填充工具进行相应的处理,最后利用文本工具输入并编辑文字内容即可,最终效果如图 3-159 所示。

图 3-159

素材文件\第 3 章\设计酸奶包装立体效果\卡通 1.psd···
最终效果\第 3 章\酸奶包装立体效果图.cdr

## 制作思路

本例的制作思路如图 3-160 所示，涉及的知识点有矩形工具、挑选工具、填充工具、手绘工具、形状工具、轮廓工具、文本工具、交互式填充工具、交互式透明工具、贝塞尔工具等操作，其中交互式透明工具的使用是本例的重点内容。

①创建酸奶包装平面图　　　　②创建酸奶包装立体效果图

图 3-160

### 3.6.1　创建酸奶包装平面图

（1）新建一个图形文件，单击工具箱中的"矩形工具"按钮◻，在页面上拖动鼠标创建一个矩形。

（2）在工具属性栏中设置矩形的宽为"100mm"、高为"160mm"，然后按"Enter"键，效果如图 3-161 所示。

（3）按住"填充工具"按钮◇不放，在其展开的工具条中单击"填充对话框"按钮▨，打开"均匀填充"对话框，进行如图 3-162 所示的设置。

（4）单击"确定"按钮，矩形填充效果如图 3-163 所示。

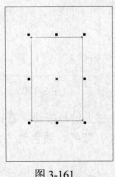

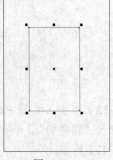

图 3-161　　　　　　　　图 3-162　　　　　　　　图 3-163

（5）单击工具箱中的"贝塞尔工具"按钮✎，在矩形上绘制如图 3-164 所示的封闭图形。

（6）双击工具箱中的"形状工具"按钮◠，选中全部节点，单击工具属性栏上的⌒按钮和⌒按钮，再单击形状工具，双击删除多余的节点，效果如图 3-165 所示。

（7）按住"填充工具"按钮◇不放，在其展开的工具条中单击"填充对话框"按钮▨，打开"均匀填充"对话框，设置颜色为"C：5；M：1；Y：2；K：2"，并用鼠标右键单击调色板上的无色按钮⊠取消轮廓线，效果如图 3-166 所示。

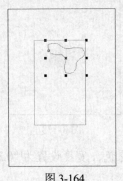

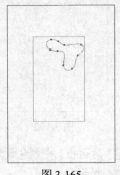
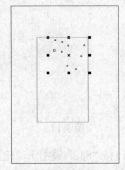

图 3-164　　　　　　　　图 3-165　　　　　　　　图 3-166

（8）使用挑选工具，选中绘制的图形，向左拖动一定距离并单击鼠标右键复制出另一个，然后旋转并设置填充色为 "C: 2; M: 4; Y: 2; K: 0"，如图 3-167 所示。

（9）重复步骤（8）的操作，设置填充色为 "C: 2; M: 4; Y: 14; K: 0"，效果如图 3-168 所示。

（10）单击工具箱中的 "矩形工具" 按钮🔲，在页面上绘制一个小矩形，填充为酒绿色，如图 3-169 所示。

（11）在工具属性栏中设置矩形边角的圆滑度为 "100"，效果如图 3-170 所示，用鼠标右键单击调色板上的无色按钮⊠取消轮廓线。

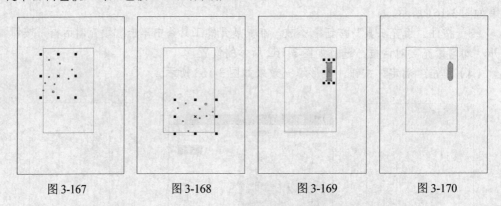

图 3-167　　　　　　图 3-168　　　　　　图 3-169　　　　　　图 3-170

（12）单击工具箱中的 "文本工具" 按钮⬚，再单击工具属性栏上的🔼按钮，在圆角矩形上输入 "乳酸奶" 3 个字，设置字体为 "文鼎中特广告体"，字号为 "24"，颜色为 "白色"，如图 3-171 所示。

（13）单击 "贝塞尔工具" 按钮💐，在大矩形下方绘制一个类似水滴的封闭图形，并删除多余的节点使其更加平滑。

（14）将图形填充为酒绿色，并取消轮廓线，如图 3-172 所示。

（15）单击工具箱中的 "文本工具" 按钮⬚，再单击工具属性栏上的🔼按钮，在刚刚绘制的图形上输入 "原味"，设置字体为 "经典粗圆简"，字号为 "24"，颜色为 "白色"，如图 3-173 所示。

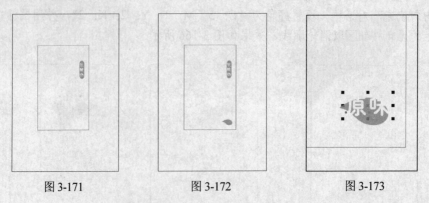

图 3-171　　　　　　图 3-172　　　　　　图 3-173

（16）按 "F12" 键打开 "轮廓笔" 对话框，将颜色设置为 "绿色"，宽度设置为 "0.353mm"，单击 "确定" 按钮，效果如图 3-174 所示。

（17）利用挑选工具，将文字顺时针旋转一定角度，如图 3-175 所示。

（18）利用文本工具，在矩形左下角输入"净含量：250ml"，设置字体为"幼圆"，字号为"14"，如图 3-176 所示。

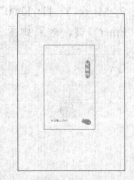

图 3-174　　　　　　　　图 3-175　　　　　　　　图 3-176

（19）利用文本工具，在含量下输入厂名"成都真味乳业有限公司"，设置字体为"隶书"，字号为"14"，效果如图 3-177 所示。

（20）利用文本工具，在矩形左上角输入"真味"2 字，设置字体为"隶书"，字号为"24"，颜色为"红色"，如图 3-178 所示。

（21）利用文本工具，再单击工具属性栏上的 ⅠA 按钮，在矩形上输入"美丽"两字，设置字体为"文鼎新艺体简"，字号为"40"，颜色为"青色"。

（22）按"Ctrl+Q"组合键将文字转换为曲线，单击形状工具 ，将曲线调整为如图 3-179 所示的形状。

图 3-177　　　　　　　　图 3-178　　　　　　　　图 3-179

（23）利用文本工具，在"美丽"的左侧输入"心情"2 个字，设置字体为"幼圆"，字号为"30"，颜色为"青色"。

（24）按"F12"打开"轮廓笔"对话框，设置颜色为"青色"，宽度为"0.353mm"，单击"确定"按钮，效果如图 3-180 所示。

（25）按"Ctrl+I"组合键导入一幅名为"卡通 1.psd"的图案，如图 3-181 所示。

（26）利用挑选工具，调整卡通图案的位置，并按"Ctrl+PageDown"组合键将图案放置于文字之下。

（27）按住"交互式调和工具"按钮 不放，在展开的工具条中单击"交互式透明工具"

按钮 🔲，为卡通图案的上方创建透明效果，如图 3-182 所示。

（28）双击挑选工具，按"Ctrl+G"组合键将所有图形和文字群组。

（29）单击工具箱中的"矩形工具"按钮 🔲，在页面上拉动鼠标创建一个矩形，设置颜色为"C: 7; M: 6; Y: 11; K: 0"，在工具属性栏中设置矩形的宽为"160mm"、高为"40mm"，然后按"Enter"键，效果如图 3-183 所示。

图 3-180

图 3-181

图 3-182

（30）单击工具箱中的"文本工具"按钮 🔲，再单击工具属性栏上的 🔲 按钮，在新绘制的矩形中输入产品介绍及电话、传真和厂址，设置字体为"隶书"，字号为"14"，放置于如图 3-184 所示的位置。

（31）按"Ctrl+I"组合键导入一幅名为"卡通 2.psd"的图案，如图 3-185 所示。

（32）选中矩形、文字和卡通图案，按"Ctrl+G"组合键将其群组。

图 3-183

图 3-184

图 3-185

（33）在工具属性栏上的"旋转角度"文本框内输入"90"，按"Enter"键应用设置。

（34）将旋转后的图形移动到如图 3-186 所示的位置。

（35）单击工具箱中的"矩形工具"按钮 🔲，在页面上拖动光标创建一个矩形，设置颜色为"C: 7; M: 6; Y: 11; K: 0"，在工具属性栏中设置矩形的宽为"100mm"、高为"40mm"，然后按回车键，效果如图 3-187 所示。

（36）单击"椭圆工具"按钮 🔲，按住"Ctrl"键在矩形右上角绘制一个小的正圆，并设置填充色为"C: 16; M: 12; Y: 12; K: 0"，如图 3-188 所示。

（37）利用挑选工具选中包装正面和侧面，向左拖动一定距离并单击鼠标右键，复制出另一正面和侧面，如图 3-189 所示。

图 3-186　　　　　　　图 3-187　　　　　　　图 3-188

（38）取消复制出的侧面的群组，删除上面的文字和卡通图案，绘制一个白色矩形，作为放置条形码的位置，如图 3-190 所示。

（39）利用挑选工具，将包装各部分排放整齐，如图 3-191 所示。

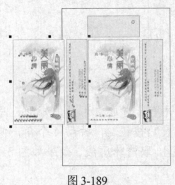
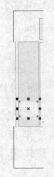

图 3-189　　　　　　　图 3-190　　　　　　　图 3-191

（40）至此，包装的平面图就完成了，按"Ctrl+G"组合键将其群组。

## 3.6.2 创建包装的立体效果图

（1）按照包装的大小和透视原理，拖动并调整辅助线，效果如图 3-192 所示。

（2）选中整个酸奶包装，取消群组，将右边的正面与侧面及盒盖复制一个。单击"挑选工具"按钮，将正面移动到如图 3-193 所示的位置。

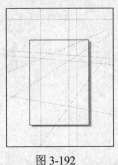

图 3-192　　　　　　　　　　图 3-193

（3）按"Ctrl+U"组合键取消群组，按住"Alt"键单击选取最下层的矩形，单击工具属性栏上的○按钮将其转换为曲线。单击"形状工具"按钮，，拉动 4 个角，使其 4 条边和辅助线重合并用鼠标右键单击调色板上的无色按钮，取消轮廓线，效果如图 3-194 所示。

（4）单击"挑选工具"按钮，选取正面其余的文字和图形，再单击一下，将左边出现的上下倾斜符号向上拖动一小段距离，如图 3-195 所示。

（5）选中全部正面图形，按"Ctrl+G"组合键将其群组。

（6）单击"挑选工具"按钮，将侧面移动到左边和正面相邻的位置，并向左拖动右边的调节柄，缩短其宽度，使其与辅助线重合，如图 3-196 所示。

图 3-194　　　　　　　　　　图 3-195　　　　　　　　　　图 3-196

（7）按"Ctrl+U"组合键取消群组，按住"Alt"键单击选取最下层的矩形，单击工具属性栏上的○按钮将其转换为曲线。单击"形状工具"按钮，，拉动 4 个角，使其 4 条边和辅助线重合并用鼠标右键单击调色板上的无色，取消轮廓线，效果如图 3-197 所示。

（8）单击"挑选工具"按钮选取侧面其余的文字和图形，再单击一下，将右边出现的上下倾斜符号向上拉一点，效果如图 3-198 所示。

（9）选中全部侧面图形，按"Ctrl+G"组合键将其群组。

（10）选中盒盖，取消群组，选中矩形，在工具属性栏上单击○按钮，再单击形状工具，拉动盒盖的 4 个角，使其 4 条边与辅助线重合，并用鼠标右键单击调色板上的无色按钮取消轮廓线，效果如图 3-199 所示。

图 3-197　　　　　　　　　　图 3-198　　　　　　　　　　图 3-199

（11）选中小圆形，放置在盒盖上，将其高度向下缩短，调整其大小，使其位于盒盖右上角，并取消轮廓线。

（12）选中全部盒盖图形，按"Ctrl+G"组合键将其群组。

（13）选中正面和侧面，按一下小键盘上的"+"键，复制图形，再单击工具属性栏上的 ◁ 按钮，效果如图 3-200 所示。

（14）将复制的包装移到页面下方，两次单击正面，将右边出现的上下倾斜符号向上拖到适合的位置，按住"Shift"键单击上方的包装，按"L"键使其左对齐，效果如图 3-201 所示。

（15）两次单击侧面，将其右侧出现的上下倾斜符号向上拉到适合的位置，按住"Shift"键单击上方的包装，按"R"键使其右对齐，如图 3-202 所示。

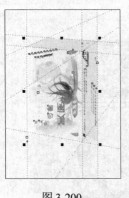

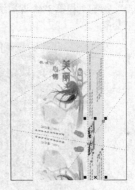

图 3-200　　　　　　　　图 3-201　　　　　　　　图 3-202

（16）单击"交互式透明工具"按钮 ♀，分别为正面和侧面的倒影添加透明效果，如图 3-203 所示。

（17）选择【文件】/【导入】命令，打开"导入"对话框，导入名为"花.psd"的图案，按"Shift+PageDown"组合键将其置于最下层，并调整大小到覆盖页面，如图 3-204 所示。

（18）选择【版面】/【页面背景】命令，打开"选项"对话框，将背景设置为"蓝色"。

（19）选择【视图】/【辅助线】命令，取消辅助线的显示，最终效果如图 3-205 所示。

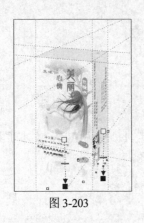

图 3-203　　　　　　　　图 3-204　　　　　　　　图 3-205

# 3.7  课后练习

根据本章所学内容，动手完成以下实例的制作。

### 练习 1  制作装饰公司三折页

运用交互式阴影工具、再制功能、修剪造形功能、对图形进行精确裁剪、插入字符、文字竖排等功能制作如图 3-206 所示的装饰公司三折页。

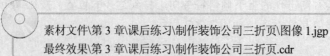

素材文件\第 3 章\课后练习\制作装饰公司三折页\图像 1.jgp
最终效果\第 3 章\课后练习\制作装饰公司三折页.cdr

图 3-206

### 练习 2  绘制一组司旗

运用选择、移动、旋转、复制、删除和镜像变换图形命令，绘制一组司旗，最终效果如图 3-207 所示。

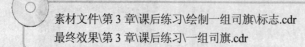

素材文件\第 3 章\课后练习\绘制一组司旗\标志.cdr
最终效果\第 3 章\课后练习\一组司旗.cdr

### 练习 3  制作包装盒展开效果图

运用矩形工具、挑选工具、填充工具、手绘工具、形状工具、轮廓工具、文本工具以及交互式填充工具等，制作如图 3-208 所示的包装盒展开效果图。

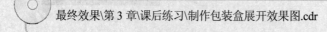

最终效果\第 3 章\课后练习\制作包装盒展开效果图.cdr

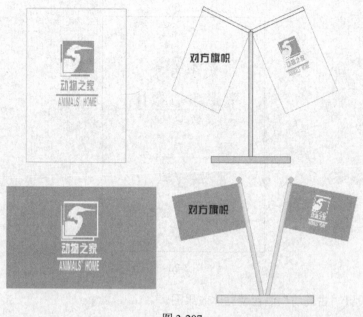

图 3-207

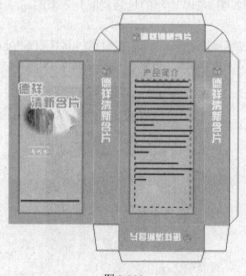

图 3-208

## 练习 4　制作自助餐厅 POP 广告

运用贝塞尔工具、轮廓工具、标准填充、修剪图形、交互式变形工具、选取图形对象及移动图形对象等，制作如图 3-209 所示的自助餐厅 POP 广告。

　最终效果\第 3 章\课后练习\自助餐厅 POP 广告.cdr

图 3-209

### 练习 5 设计 "古蜀坊" 酒包装立体效果图

运用矩形工具、挑选工具、填充工具、手绘工具、形状工具、轮廓工具、文本工具以及交互式填充工具等，制作如图 3-210 所示的包装盒展开效果图。

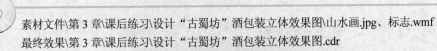

素材文件\第 3 章\课后练习\设计 "古蜀坊" 酒包装立体效果图\山水画.jpg、标志.wmf
最终效果\第 3 章\课后练习\设计 "古蜀坊" 酒包装立体效果图.cdr

图 3-210

### 练习 6 制作茶包装效果

根据提供的素材，运用矩形工具、轮廓笔工具、文本工具、交互式透明工具、滴管工具以及 "导入" 命令、"群组" 命令、"添加透视点" 命令等，制作如图 3-211 所示的茶包装效果。

素材文件\第 3 章\课后练习\制作茶包装效果\山水.jpg

最终效果\第 3 章\课后练习\茶包装效果图.cdr

图 3-211

### 练习 7 制作休闲水吧 POP 广告

运用贝塞尔工具、标准填充、形状工具、轮廓工具以及矩形工具等,制作如图 3-212 所示的休闲水吧 POP 广告。

最终效果\第 3 章\课后练习\制作休闲水吧 POP 广告.cdr

图 3-212

### 练习 8 制作儿童书籍封面

运用矩形工具、文本工具、均匀填充工具、移动对象以及复制对象等命令,制作如图 3-213所示的儿童书籍封面。

最终效果\第 3 章\课后练习\制作儿童书籍封面.cdr

图 3-213

**练习 9 制作《紫色青春》书籍封面**

运用贝塞尔工具结合形状工具、标准填充工具、文本工具、交互式透明工具以及"再制"命令等，制作如图 3-214 所示的《紫色青春》书籍封面。

最终效果\第 3 章\课后练习\《紫色青春》书籍封面.cdr

图 3-214

# 第 4 章

## 填充图形颜色

填充图形颜色是美化图形的基本操作，包括均匀填充、渐变填充、图样填充、底纹填充、交互式填充、交互式网状填充、滴管和颜料桶填充等操作。本章将以 5 个制作实例来介绍 CorelDRAW X3 中填充图形颜色的相关操作。

**本章学习目标：**

 📖 制作导航按钮

 📖 绘制装饰画

 📖 制作快餐店招贴海报

 📖 绘制仕女图

 📖 制作数码相机广告效果图

## 4.1 制作导航按钮

**实例目标**

本例将利用椭圆工具绘制一个正圆，并复制出两个大小不同的同心圆，然后通过"渐变填充"对话框分别对 3 个圆形进行射线渐变填充，再利用"排序"命令设置图形的排列顺序，最后输入文字并与正圆进行对齐即可，最终效果如图 4-1 所示。

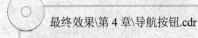

最终效果\第 4 章\导航按钮.cdr

图 4-1

 制作思路

本例的制作思路如图 4-2 所示，涉及的知识点有椭圆工具、渐变填充、文本工具、挑选工具、"对齐和分布"命令、复制图形对象等操作，其中渐变填充的设置是本例的制作重点内容。

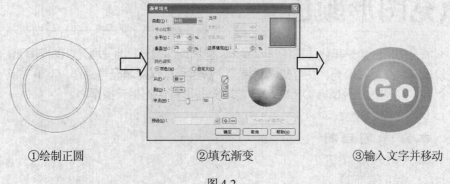

①绘制正圆　　　　　　　　　　②填充渐变　　　　　　　　　③输入文字并移动

图 4-2

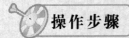 操作步骤

（1）打开 CorelDRAW X3，新建一个绘图文件，单击工具箱中的"椭圆工具"按钮◎，然后按住"Ctrl"键，在绘图区中绘制出一个正圆。

（2）按小键盘上的"+"键两次，复制出两个正圆，按住"Shift"键将复制出的两个正圆分别向中心缩小至不同大小，如图 4-3 所示。其中，最小的正圆在最上层。

（3）单击工具箱中的"挑选工具"按钮◎，选择最大的正圆，按住工具箱中的"填充工具"按钮◎不放，在展开工具条上单击"渐变填充对话框"按钮■，打开"渐变填充"对话框。

（4）进行如图 4-4 所示的设置，将"从"后的颜色值设为 70%黑色，"到"后的颜色值设为 20%黑色，然后单击"确定"按钮。

（5）将光标移至最大的正圆处，按住鼠标右键不放，拖至最小的正圆轮廓处，当光标变为⊕形状时松开鼠标，在弹出的快捷菜单中选择"复制填充"命令，如图 4-5 所示。

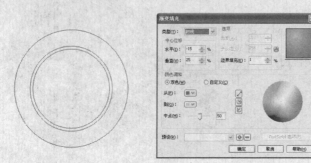

　　图 4-3　　　　　　　　　　　图 4-4　　　　　　　　　　图 4-5

（6）选择中间的正圆，按住工具箱中的"填充工具"按钮不放，在展开工具条上单击"渐变填充对话框"按钮■，打开"渐变填充"对话框，设置"从"颜色为"C: 40; Y: 100; M: 0; K: 0"，"到"颜色为"C: 0; M: 0; Y: 100; K: 0"，如图4-6所示，设置完后单击"确定"按钮。

（7）框选圆形对象，用鼠标右键单击调色板中的⊠按钮去掉圆形对象的轮廓，效果如图4-7所示。

（8）单击工具箱中的"文本工具"按钮，在绘图区中单击鼠标，输入文字"GO"，单击工具箱中的"挑选工具"按钮，切换为选择状态，在其工具属性栏上设置字体为"Arial Black"，字号为"35"，单击调色板上的白色颜色块，将文字填充为白色。

（9）按"Shift"键加选任意一个正圆，选择【排列】/【对齐和分布】/【垂直居中对齐】命令，将文字放置在圆形垂直中心处，最后按住"Ctrl"键，用鼠标垂直拖动文字至圆形稍下一点的地方。最终效果如图4-8所示。

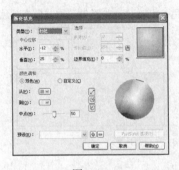

图 4-6

图 4-7

图 4-8

# 4.2　绘制装饰画

### 实例目标

利用矩形工具、椭圆工具、贝赛尔工具等绘制装饰画背景，然后利用渐变填充对图形进行填充，并利用"群组"命令将图形进行组合，最后导入名为"花.cdr"的素材，制作完成后的效果如图4-9所示。

素材文件\第 4 章\绘制装饰画\花.cdr

最终效果\第 4 章\装饰画.cdr

图 4-9

**制作思路**

本例的制作思路如图 4-10 所示，涉及的知识点有矩形工具、椭圆工具、渐变填充、贝赛尔工具、"复制属性自"命令、"导入"命令等操作，其中渐变填充和贝赛尔工具的使用是本例的重点内容。

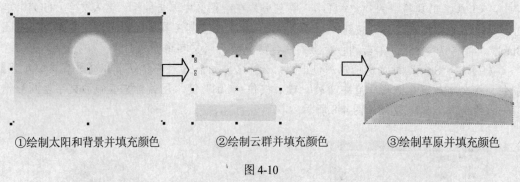

①绘制太阳和背景并填充颜色     ②绘制云群并填充颜色     ③绘制草原并填充颜色

图 4-10

**操作步骤**

## 4.2.1　绘制图形并填充颜色

（1）新建一个图形文件，并将其保存为"装饰画.cdr"。

（2）使用矩形工具在绘图区中绘制一个矩形，设置其尺寸为"185mm×140mm"。

（3）切换为挑选工具，选择该矩形，按"F11"键打开"渐变填充"对话框。

（4）在"类型"下拉列表框中选择"线性"选项，在"选项"栏中的"角度"数值框中输入"90"。

（5）选中"颜色调和"栏中的 ⊙自定义(C) 单选按钮，其下方出现一个渐变颜色设置框。

（6）单击其左端的插入点 ，在右侧的颜色选择框中单击"白"色块。

（7）选择其右端的插入点 ，单击右侧颜色选择框下方的"其他"按钮，打开"选择颜色"对话框。在"组件"栏中设置该处颜色为"C: 100; M: 0; Y: 0; K: 0"，如图 4-11 所示。

（8）在渐变颜色设置框上边缘双击鼠标添加两个颜色插入点▼，在"位置"数值框中将其位置分别设置为"54%"和"90%"，单击右侧颜色选择框下方的"其他"按钮，在打开的"选择颜色"对话框中将两处的颜色分别设置为"C: 25; M: 0; Y: 0; K: 0"和"C: 60; M: 0; Y: 0; K: 0"，如图 4-12 所示。

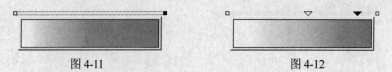

图 4-11                          图 4-12

（9）单击"确定"按钮，矩形的渐变填充如图 4-13 所示。

（10）在矩形的中部偏上位置，单击鼠标左键并拖动的同时按住"Ctrl"键不放绘制一个正圆，单击调色板中的"黄"色块▢，将其填充为黄色。用右键单击"无色"色块⊠，去除其轮廓线，绘制出一个"太阳"，如图 4-14 所示。

（11）选择"太阳"，单击工具箱中的"交互式调和工具"按钮▣，在展开的工具栏中单击"交互式阴影工具"按钮▣，在其属性栏中的"预设列表"下拉列表框 预设 ▢ 中选择"小型辉光"选项。

（12）在"阴影的不透明"下拉列表框 ⬚50 ⬚ 中输入"70"，在"阴影羽化"下拉列表框 ⬚20 ⬚ 中输入"14"。

（13）单击"阴影羽化方向"按钮▣，在弹出菜单中单击"向外"按钮▣。在"阴影颜色"下拉列表框 ▣ 中单击"其他"按钮，打开"选择颜色"对话框。在该对话框的"组件"栏中设置阴影颜色为"C: 0; M: 0; Y: 10; K: 0"。

（14）设置完成后单击矩形背景，去除其轮廓色，如图 4-15 所示。

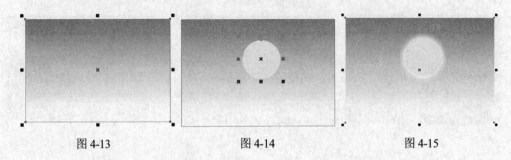

图 4-13　　　　　　　　　图 4-14　　　　　　　　　图 4-15

## 4.2.2　绘制云群并将其组合

（1）切换为贝塞尔工具▣，在圆形前面绘制一片云群图形并填充为白色、无轮廓，如图 4-16 所示。先定位各个转角处的节点，然后依次调整曲线曲度，注意节点要全部转换为"尖突"类型。

（2）使用同样的方法在前面继续绘制第 2 层云群，填充颜色为"C: 10; M: 0; Y: 10; K: 0"，无轮廓色，如图 4-17 所示。绘制第 3 层云群，填充颜色为"C: 10; M: 0; Y: 10; K: 0"，无轮廓色，如图 4-18 所示。

图 4-16　　　　　　　　　图 4-17　　　　　　　　　图 4-18

（3）绘制第 4 层云群，单击调色板中的"冰蓝"色块▣，填充为冰蓝色，用右键单击"无色"色块⊠，去除其轮廓色，如图 4-19 所示。

（4）绘制完左侧的第 5 层云群后将其选择，按"F11"键打开"渐变填充"对话框，在"角度"数值框中输入"90"。选中"颜色调和"栏中的⊙自定义(C)单选按钮，选择其左端的插入点■，单击右侧颜色选择框中的"深黄"色块██。

（5）选择其右端的插入点■，单击右侧颜色选择框中的"白"色块□。

（6）在渐变颜色设置框上边缘双击添加 3 个插入点▼，位置分别为"36%"、"55%"和"84%"。

（7）单击右侧颜色选择框下方的"其他"按钮，在打开的"选择颜色"对话框中将 3 个插入点处的颜色分别设置为"黄"、"C: 0; M: 0; Y: 31; K: 0"和"C: 0; M: 0; Y: 9; K: 0"。

（8）完成设置后单击"确定"按钮，去除其轮廓，如图 4-20 所示。

（9）使用挑选工具框选左侧的云群图形，单击属性栏中的"群组"按钮，将其群组，如图 4-21 所示。

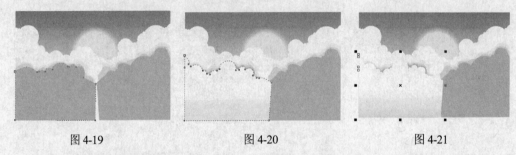

图 4-19              图 4-20              图 4-21

（10）绘制完右侧的第 6 层云群后将其选择，按"F11"键打开"渐变填充"对话框，在"角度"数值框中输入"90"。选中"颜色调和"栏中的⊙自定义(C)单选按钮，选择其左端的插入点■，单击右侧颜色选择框中的"黄"色块██。

（11）选择其右端的插入点■，单击右侧颜色选择框中的"白"色块□。

（12）在渐变颜色设置框上边缘双击添加一个插入点▼，位置设置为"38%"。单击右侧颜色选择框下方的"其他"按钮，在打开的"选择颜色"对话框中将其颜色设置为"C: 0; M: 0; Y: 17; K: 0"。

（13）完成设置后单击"确定"按钮，去除其轮廓，如图 4-22 所示。

（14）使用挑选工具选择左侧的群组图形，按"Shfit+Page Up"组合键将其置于最上层，如图 4-23 所示。

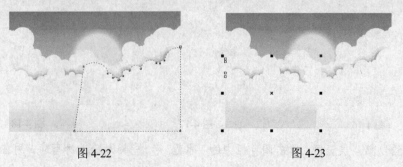

图 4-22                      图 4-23

## 4.2.3　绘制草原图形

（1）绘制完左侧的第 1 层草原图形后将其选择，按 "F11" 键打开 "渐变填充" 对话框，在 "角度" 数值框中输入 "90"。选中 "颜色调和" 栏中的 ⊙自定义(C) 单选按钮，选择其左端的插入点 ▪，单击右侧颜色选择框中的 "酒绿" 色块 ▮。

（2）选择其右端的插入点 ▪，单击右侧颜色选择框中的 "淡黄" 色块 □。

（3）在渐变颜色设置框上边缘双击添加两个插入点 ▼，位置分别为 "41%" 和 "86%"。

（4）单击右侧颜色选择框下方的 "其他" 按钮，在打开的 "选择颜色" 对话框中将 3 个插入点的颜色分别设置为 "黄"、"C: 31; M: 0; Y: 81; K: 0" 和 "C: 5; M: 0; Y: 29; K: 0"。

（5）完成设置，单击 "确定" 按钮，去除其轮廓，如图 4-24 所示。

（6）在右侧绘制第 2 层草原图形，如图 4-25 所示。

（7）使用挑选工具将其选择，选择【编辑】/【复制属性自】命令，在打开的 "复制属性" 对话框中选中 ☑轮廓色(C) 复选框和 ☑填充(F) 复选框，单击 "确定" 按钮，光标变为 ➡ 形状。

（8）将光标移到左侧的草原图形上单击，复制其轮廓色和填充色，如图 4-26 所示。

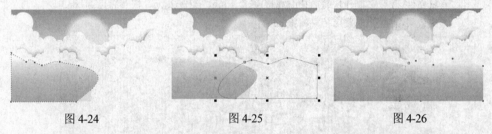

图 4-24　　　　　　　　　　图 4-25　　　　　　　　　　图 4-26

（9）绘制完最后一层草原图形后将其选择，并按 "F11" 键打开 "渐变填充" 对话框。

（10）在 "类型" 下拉列表框中选择 "射线" 选项，在 "中心位移" 栏中的 "水平" 和 "垂直" 数值框中分别输入 "20" 和 "−71"。

（11）选中 "颜色调和" 栏中的 ⊙自定义(C) 单选按钮，选择其左端的插入点 ▪，单击右侧颜色选择框中的 "淡黄" 色块 □。

（12）选择其右端的插入点 ▪，单击右侧颜色选择框下的 "其他" 按钮，打开 "选择颜色" 对话框。在 "组件" 栏中将其颜色设置为 "C: 29; M: 0; Y: 86; K: 0"。

（13）在渐变颜色设置框上边缘双击添加一个插入点 ▼，位置设置为 "18%"，颜色设置为 "C: 22; M: 0; Y: 65; K: 0"。

（14）完成设置后单击 "确定" 按钮，去除其轮廓线，如图 4-27 所示。

（15）单击属性栏中的 "导入" 按钮 📥 导入 "花.cdr" 素材，对其复制多份并缩放和倾斜后点缀在装饰画面上，效果如图 4-28 所示。

**提示**　在选择颜色时，"组件" 栏中的数值框右侧都会有 RGB 颜色模式的参照值。单击颜色框下的 "加到调色板" 按钮，即可将选择的颜色添加到调色板中。

图 4-27　　　　　　　　　　　　　　图 4-28

# 4.3　制作快餐店招贴海报

利用渐变填充工具制作海报背景，然后利用封套效果制作文字的特殊效果，并通过精确剪裁功能裁剪位图，最后利用交互式透明工具等制作海报的一些装饰效果。完成后的最终效果如图 4-29 所示。

素材文件\第 4 章\制作快餐店招贴海报\美食 1.jpg、美食 2.jpg、快餐店标志.cdr

最终效果\第 4 章\快餐店招贴海报.cdr

图 4-29

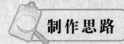

本例的制作思路如图 4-30 所示，涉及的知识点有矩形工具、贝赛尔工具、渐变填充、椭圆工具、文本工具、"放置在容器中"命令、"导入"命令等操作，其中渐变填充和文本工具

的使用是本例的重点。

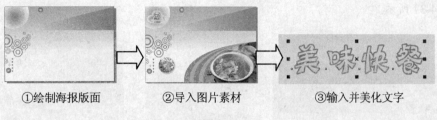

①绘制海报版面　　②导入图片素材　　③输入并美化文字

图 4-30

## 4.3.1　绘制海报版面

（1）按 "Ctrl+N" 组合键新建一个文档，在其属性栏的 "纸张宽度和高度" 数值框中输入海报版面的大小 "210mm × 140mm"，按 "Enter" 键确定。

（2）双击工具箱中的 "矩形工具" 按钮▣，自动绘制一个与版面同大小的矩形，如图 4-31 所示。

（3）单击工具箱中的 "填充工具" 按钮◈，在展开的工具条中单击 "渐变填充对话框" 按钮▣。

（4）在打开的 "渐变填充" 对话框的 "类型" 下拉列表框中选择 "线性" 选项，设置为绿色到白色的渐变，其他参数如图 4-32 所示，然后单击 "确定" 按钮。

（5）此时得到为矩形填充绿色（C: 25; M: 0; Y: 60; K: 0）到白色渐变的效果。

（6）在页面右上侧绘制一个矩形，按 "Ctrl+Q" 组合键将其转曲，然后使用形状工具向下拖动左上角的节点，使其呈梯形，如图 4-33 所示。

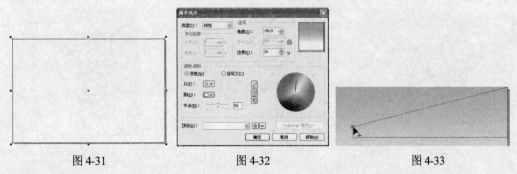

图 4-31　　　　　　　　图 4-32　　　　　　　　图 4-33

（7）将其填充为酒绿色（C: 40; M: 0; Y: 100; K: 0），并去除轮廓色。然后使用交互式透明工具从矩形的右侧拖动到左侧，得到透明效果，如图 4-34 所示。

（8）使用椭圆工具在版面的左上角绘制一个正圆，然后选择该正圆和下面的大的矩形，单击属性栏中的 "相交" 按钮▣得到相交区域，如图 4-35 所示。

（9）选择原来的正圆并将其删除，再选择相交区域，将其填充为酒绿色并去除轮廓色，如图 4-36 所示。

（10）复制相交区域，并将其填充为白色。然后选择交互式透明工具，在其属性栏中设置如图 4-37 所示。

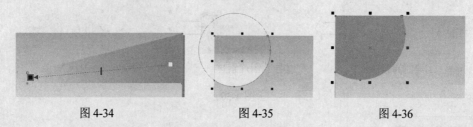

图 4-34            图 4-35            图 4-36

（11）按住"Ctrl"键的同时使用椭圆工具绘制一个正圆，然后按住"Shift"键对其缩小的同时单击鼠标右键复制正圆，得到同心圆效果，如图 4-38 所示。

（12）同时选中绘制的同心圆，单击属性栏中的"结合"按钮，使其成为圆环，将圆环填充为绿色（C: 55; M: 0; Y: 70; K: 15），并去除轮廓色，效果如图 4-39 所示。

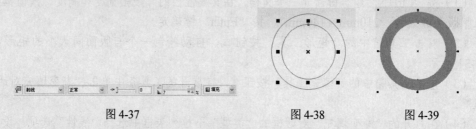

图 4-37            图 4-38            图 4-39

（13）对圆环进行复制和缩放，然后任意进行排列，放置于版面的左侧，起装饰作用，效果如图 4-40 所示。

（14）由于有的环形已经位于版面外，所以这时可以绘制一个矩形，放置于如图 4-41 所示的位置。对环形进行修剪，修剪后将矩形删除，效果如图 4-42 所示。

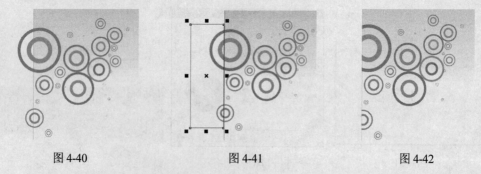

图 4-40            图 4-41            图 4-42

（15）使用椭圆工具绘制正圆，复制后分别填充为黄色和绿色，对绿色的正圆进行交互式透明处理，得到球体效果，如图 4-43 所示。

（16）使用矩形工具绘制矩形，并填充为酒绿色。按住"Ctrl"键的同时向下拖动鼠标，到适当的距离时单击鼠标右键，复制该矩形。然后按"Ctrl+D"组合键等距离再制矩形，如图 4-44 所示。

（17）复制绘制的球体效果到其他位置，完成版面的制作，效果如图 4-45 所示。

图 4-43　　　　　　　图 4-44　　　　　　　图 4-45

## 4.3.2　导入图片

（1）使用椭圆工具在版面的右下侧绘制一个椭圆，如图 4-46 所示。

（2）同时选择版面的矩形和椭圆，单击属性栏中的"相交"按钮得到相交区域。

（3）选择椭圆将其删除，然后将相交区域填充为酒绿色并去除轮廓色，如图 4-47 所示。

（4）使用上面的方法绘制椭圆，让椭圆与矩形相交，并将其填充为月光绿并去除轮廓色，效果如图 4-48 所示。

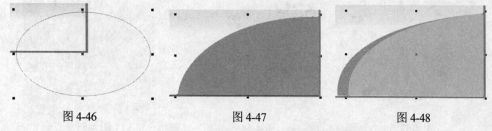

图 4-46　　　　　　　图 4-47　　　　　　　图 4-48

（5）重复上面的步骤绘制出酒绿色和月光绿相交的图形并去除轮廓色，效果如图 4-49 所示。

（6）按"Ctrl+I"组合键打开"导入"对话框，在该对话框中选择素材文件"美食 1.jpg"，然后单击"导入"按钮导入图片。

（7）确保导入的图片被选中，选择【效果】/【图框精确剪裁】/【放置在容器中】命令，此时光标指针变为➡形，单击淡绿色的图形。

（8）此时图片被装入淡绿色图形中，得到精确剪裁的效果，如图 4-50 所示。

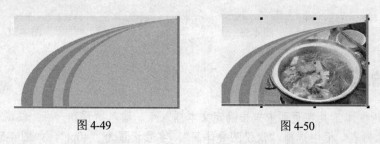

图 4-49　　　　　　　图 4-50

（9）按照步骤（6）的方法导入另一张图片，使用椭圆工具绘制正圆，如图 4-51 所示。

（10）选择导入的图片，然后选择【效果】/【图框精确剪裁】/【放置在容器中】命令，当光标指针变为➡形时单击绘制的正圆。再去除正圆轮廓色颜色。

（11）将剪裁后的图片放置于如图 4-52 所示的位置。

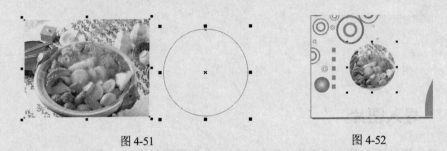

图 4-51                                    图 4-52

（12）在工具箱中选择交互式阴影工具从图片向右下拖动，得到阴影，如图 4-53 所示。

（13）在其属性栏中进行参数设置，将其阴影颜色设置为酒绿色，得到设置好后的阴影效果，如图 4-54 所示。

（14）打开"快餐店标志"图形，将其复制到该文件中并置于左上侧的圆形中，如图 4-55 所示。

图 4-53                    图 4-54                    图 4-55

（15）同样使用交互式阴影工具为标志添加阴影，参数设置如图 4-56 所示，设置完成后给标志添加白色阴影，效果如图 4-57 所示。

图 4-56                                    图 4-57

### 4.3.3    输入文字

（1）使用文本工具在页面中单击确定文本插入点，输入"营养一点　健康一点"，在属性栏的"字体列表"框中选择"汉仪圆叠体简"，字号设置为"40pt"，如图 4-58 所示。

（2）将文字颜色设置为黄色，然后双击状态栏中的轮廓色图标✕，在打开的"轮廓笔"对话框中设置轮廓宽度为"2mm"，文字轮廓色为绿色。其他设置如图 4-59 所示，然后单击

"确定"按钮。

（3）此时得到文字描边后的效果，单击工具箱中的"交互式封套工具"按钮◙，添加封套效果，文字周围出现封套边缘，如图 4-60 所示。

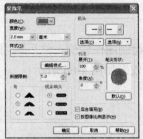

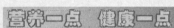

图 4-58　　　　　　　　　　图 4-59　　　　　　　　　　图 4-60

（4）拖动封套边缘的节点，使文字产生封套变形。

（5）运用上面讲解的方法为文字添加阴影效果，设置羽化方向为向外，阴影颜色为黄色，并在其属性工具栏中进行参数设置，如图 4-61 所示。

（6）在矩形中绘制一个文本框，使用文本工具在页面中输入文字，如图 4-62 所示。

（7）选择绿色的图形，在属性栏中单击▤按钮，在打开的面板中选择文本绕图的方式，其参数设置如图 4-63 所示。

图 4-61　　　　　　　　　　图 4-62　　　　　　　　　　图 4-63

（8）此时文字将绕图形进行排列，效果如图 4-64 所示。

（9）使用文本工具输入"美味快餐"，将其设置为稍微活泼的字体，再将其填充为"黄色"，轮廓色设置为"红色"，得到描边字效果，如图 4-65 所示。

（10）再使用贝塞尔工具在文字周围绘制一些线条作为装饰物，并填充适当颜色，完成整个海报的制作，最终效果如图 4-29 所示。

图 4-64　　　　　　　　　　图 4-65

# 4.4 绘制仕女图

**实例目标**

利用贝塞尔工具和形状工具绘制图像轮廓，然后运用填充工具填充图像颜色，使用交互式透明工具创建人物环境，最终效果如图 4-66 所示。

最终效果\第 4 章\绘制仕女图.cdr

图 4-66

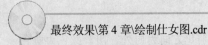

**制作思路**

本例的制作思路如图 4-67 所示，涉及的知识点有贝塞尔工具、手绘工具、形状工具、调色板、均匀填充、渐变填充、交互式半透明工具、"群组"命令、"取消群组"命令等，其中贝塞尔工具和填充工具的使用是本例的重点内容。

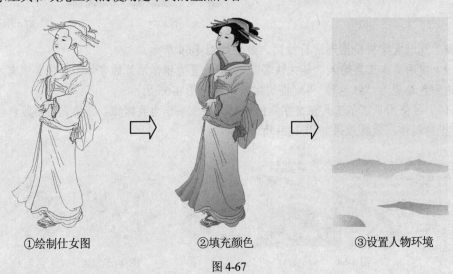

①绘制仕女图　　　　　　②填充颜色　　　　　　③设置人物环境

图 4-67

## 4.4.1 绘制人物轮廓

（1）打开 CorelDRW X3，在弹出的窗口中单击"新建"命令。

（2）按住工具箱中的"手绘工具"按钮不放，在其展开的工具条中单击"贝塞尔工具"按钮。从头部开始勾勒出脸部左边的大致轮廓。

（3）单击工具箱中的"形状工具"按钮，调整曲线，选中一个节点，出现一个调节柄，拉动它可以调整曲线的弧度，如图 4-68 所示。

（4）单击工具箱中的"挑选工具"按钮，选中该曲线，再按住工具箱中的"轮廓工具"按钮不放，在其展开的工具条中单击"轮廓画笔对话框"按钮，打开"轮廓笔"对话框，将宽度设置为"0.2"，其他参数设置如图 4-69 所示，然后单击"确定"按钮。

（5）按与步骤（2）～（3）相同的方法绘制脸部的右边。要将两条线的相交处结合起来，可以单击工具箱中的"挑选工具"按钮，框选中两条线，再单击工具属性栏上的按钮。

（6）单击工具箱中的"形状工具"按钮，选中两条线的相邻两个节点，单击工具属性栏中的按钮，两条线就结合成一条曲线了，再选中多余的节点，按"Delete"键将其删除，使线条平滑，如图 4-70 所示。

（7）绘制眉毛。两个眉毛的形状不一样，要分别绘制，效果如图 4-71 所示。

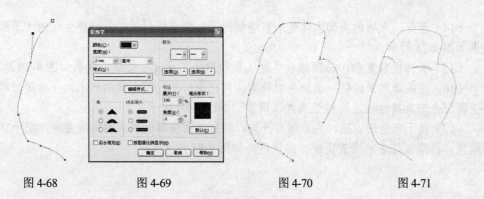

图 4-68　　　　图 4-69　　　　图 4-70　　　　图 4-71

（8）在使用形状工具绘制鼻子时，当调整柄在调整一边时，另一边也在变化。这时，选中这一节点，再单击工具属性栏中的按钮，这样调整杆就只对一边起作用了，如图 4-72 所示。

（9）绘制眼眶。在编辑时若曲线是直线，选中该节点，单击工具属性栏中的按钮，直线就转换成曲线了，如图 4-73 所示。

（10）绘制眼球轮廓。绘制时要注意远近透视关系，如图 4-74 所示。

（11）绘制嘴唇。可以将其分成上下两部分来绘制（注意这两部分都必须是封闭的），如图 4-75 所示。

（12）绘制耳朵轮廓。在内部添上几条曲线使耳朵更加真实，将耳朵全部选中，按"Ctrl+G"

组合键群组，以免后面的操作将其影响。若要修改，按"Ctrl+U"组合键解散群组，效果如图 4-76 所示。

（13）绘制头发。调整曲线时，注意发髻边缘与脸部轮廓相交处的线条应该重合，如图 4-77 所示。

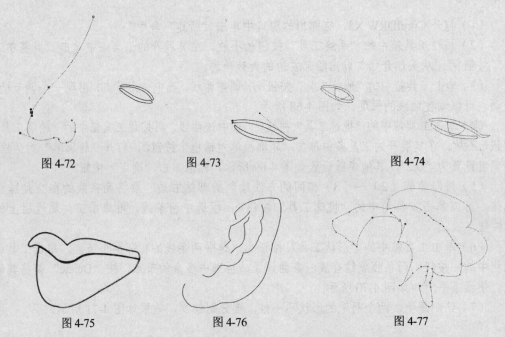

图 4-72                    图 4-73                              图 4-74

图 4-75                    图 4-76                              图 4-77

（14）至此，人物的头部大体轮廓就绘制好了，再选择形状工具调整曲线的细节部分，效果如图 4-78 所示。

（15）头饰比较复杂，必须结合手绘工具和形状工具逐一绘制，效果如图 4-79 所示。

（16）在头饰后面绘制一小块头巾轮廓，再把头巾的纹理也绘制出来，在绘制过程中，要随时配合工具属性栏上的按钮来加以调整，如图 4-80 所示。

（17）接下来绘制衣服，先从领口开始，将每条曲线都绘制成封闭的曲线，便于以后填充颜色，再绘制几条曲线表现领口的纹理，如图 4-81 所示。

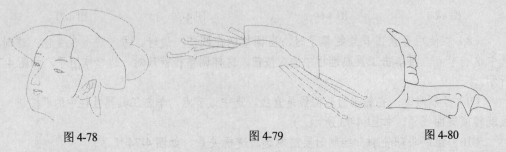

图 4-78                    图 4-79                              图 4-80

（18）绘制衣服。要注意与领口曲线的重合，如图 4-82 所示。在操作过程中，有时需要增加节点来调整曲线，在曲线上单击鼠标左键，在工具属性栏上单击 按钮（或双击曲线），这时曲线上就增加了一个节点；有时节点太多影响曲线的平滑度，选中该节点，在工具属性

栏上单击 ▭ 按钮（或双击该节点），该节点就删除了。

（19）用同样的方法绘制腰间的腰带，效果如图 4-83 所示。

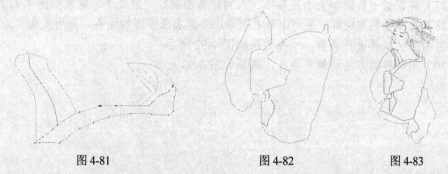

图 4-81          图 4-82          图 4-83

（20）裙子相对上身的衣服就简单一些，由 3 部分组成，完成后按 "Ctrl+G" 组合键将其群组，注意与上身轮廓边缘曲线的重合，如图 4-84 所示。

（21）衣服绘制完后，单击工具箱中的 "形状工具" 按钮 ▭，调整各部分细节，如图 4-85 所示。

（22）绘制人物的脚的前部分。先绘制木屐上部和脚背，如图 4-86 所示。

（23）用同样的方法再将脚趾部分绘制出来，如图 4-87 所示。

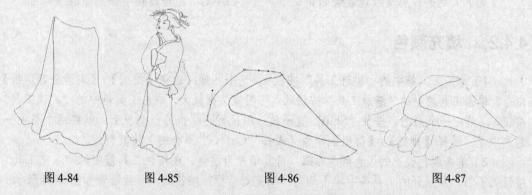

图 4-84          图 4-85          图 4-86          图 4-87

（24）单击工具箱中的 "缩放工具" 按钮 ▭（使用缩放工具时，单击左键放大，单击右键缩小），放大每个脚趾，添上脚指甲，如图 4-88 所示。

（25）绘制木屐底及纹理。绘制完成后将其全部选中并群组，再选择【排列】/【顺序】/【向后一层】命令，木屐就到脚的后面去了，如图 4-89 所示。

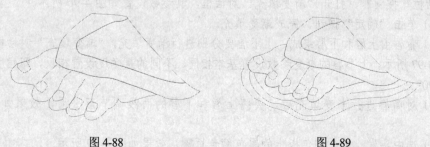

图 4-88                    图 4-89

（26）绘制手的轮廓。为了不与其他线条在视觉上有交叉感，选中手，单击调色板中的白色颜色框□，将其填充为白色，如图 4-90 所示。

（27）再在裙子后侧加上木屐后跟，人物轮廓图就绘制完成了，效果如图 4-91 所示。

（28）轮廓绘制完成后，要为上身衣服添上表现衣服纹理的线条。先用贝塞尔工具进行勾画，再用形状工具进行调整，上身效果如图 4-92 所示。

（29）用同样的方法绘制下半身，效果如图 4-93 所示。

图 4-90      图 4-91      图 4-92      图 4-93

（30）人物的轮廓及纹理就绘制完成了，按 "Ctrl+G" 组合键将全部图像群组即可。

## 4.4.2　填充颜色

（1）单击工具箱中的 "挑选工具" 按钮，选中图像。选择【排列】/【取消全部群组】命令，单击工具箱中的 "缩放工具" 按钮，将图像头部放大。单击工具箱中的 "挑选工具" 按钮，单击一个眉毛，按住 "Shift" 键不放，用鼠标再单击另一个眉毛，就将两个眉毛一起选中了，选择【排列】/【群组】命令（或按 "Ctrl+G" 组合键）将其群组。

（2）单击调色板上的黑色颜色框■，将其填充为黑色，或按住工具箱中的 "填充工具" 按钮不放，从展开的工具条中单击均匀 "填充对话框" 按钮，参数设置如图 4-94 所示。

（3）单击 "确定" 按钮，眉毛就填充上了黑色。

（4）用同样的方法将两个眼睛填充上黑色，完成后将两个眼球选中，选择【排列】/【顺序】/【向后一层】命令，效果如图 4-95 所示。

（5）选择脸部，按住工具箱中的 "填充工具" 按钮不放，在展开工具条中单击 "渐变填充对话框" 按钮，打开 "渐变填充" 对话框，其参数设置如图 4-96 所示。

（6）单击 "确定" 按钮，完成渐变填充。

（7）嘴唇由上唇和下唇组成，上下唇要分别进行渐变填充，"渐变填充" 对话框参数设置如图 4-97 所示，上下唇的渐变参数设置基本相同，不同的是角度设置相反，即角度分别为 90°与−90°。

（8）对嘴唇进行渐变填充后，要将上唇和下唇的曲线调节至平滑，效果如图 4-98 所示。

（9）选中头发，单击调色板上的黑色颜色框■，效果如图 4-99 所示。

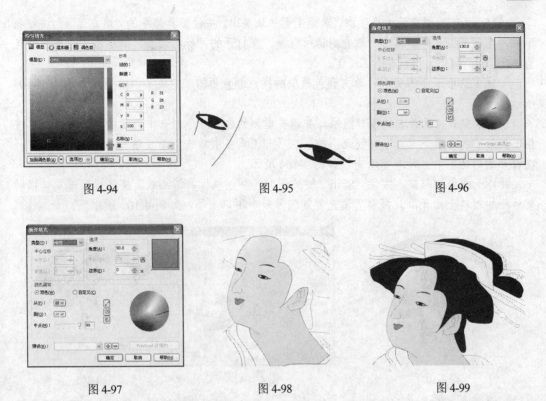

图 4-94　　　　　　　　　　图 4-95　　　　　　　　　　图 4-96

图 4-97　　　　　　　　　　图 4-98　　　　　　　　　　图 4-99

（10）填充头上的头饰。将所有长条头饰用步骤（1）的方法选中，单击工具属性栏上的"群组"按钮，将其群组。单击调色板上的橘红色颜色框，再按"Shift+PageUp"组合键将头饰顺序移至最前面，如图 4-100 所示。

（11）在长条形头饰上面有一个近似矩形的头饰，用贝塞尔工具和形状工具将其分成前后两部分。

（12）选中后面的矩形，用步骤（5）的方法填充为黄色。填充色为"C: 4，M: 12，Y: 65，K: 0"。

（13）单击工具箱中的"交互式透明工具"按钮，选中前面的矩形，这时矩形上出现一个可以拉动的调节柄，可以移动任意一点来调节，如图 4-101 所示。

（14）用鼠标拖动三角形箭头并向下移动，直到露出后面矩形的底色，形成一个渐变。整个头饰就填充完了，效果如图 4-102 所示。

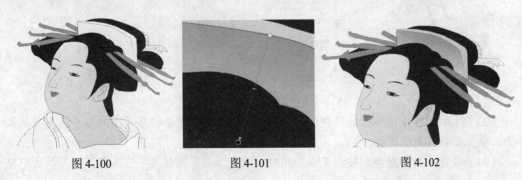

图 4-100　　　　　　　　　　图 4-101　　　　　　　　　　图 4-102

（15）头部后侧有两块小头巾，选择上面一块头巾，按住工具箱中的"填充工具"按钮，不放，在展开工具条中单击"填充对话框"，在打开的"标准填充"对话框中设置填充色为"C: 69; M: 0; Y: 53; K: 0"。

（16）选中下面的头巾，单击调色板中的橘红颜色框，完成头巾的填充，如图 4-103所示。

（17）领口由内外衣的领口组成，先填充里面的衣领颜色，选中前面的一个领口，再按住工具箱中的"填充工具"按钮，不放，在展开工具条中单击"渐变填充对话框"按钮，在打开的对话框中进行渐变填充，如图 4-104 所示。

（18）选中该领口，按住"Shift"键的同时，按住鼠标右键不放，将光标从该领口拖动至后面的领口上松开，就将渐变填充复制到另一个领口上了，如图 4-105 所示。

图 4-103

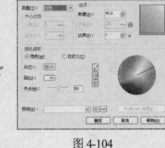
图 4-104

图 4-105

（19）填充外套时，选中前面的领口，单击调色板下方的 按钮，将弹出另两排调色板供用户选择，根据颜色提示单击砖红颜色框（或用步骤（15）的方法进行填充）。

（20）后面领口的填充方法与步骤（18）相同，效果如图 4-106 所示。

（21）衣服的颜色填充要保持光线的一致性，上身衣服由两部分组成，先选中左边的衣服，按住工具箱中的"填充工具"按钮，不放，在展开工具条中单击"渐变填充对话框"按钮，打开"渐变填充"对话框，参数设置如图 4-107 所示。

（22）左边填充完了之后，接着参照操作步骤（18）的方法将左边衣服颜色复制到右边衣服即可，效果如图 4-108 所示。

图 4-106

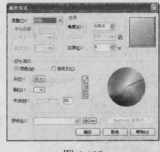
图 4-107

图 4-108

（23）手的颜色应该和脸的颜色相近，因此可用同样的方法，将脸上的渐变填充复制到手上，效果如图 4-109 所示。

（24）填充衣袖的颜色，按住工具箱中的"填充工具"按钮，不放，在展开工具条中单击"渐变填充对话框"按钮■，参数设置如图 4-110 所示，单击"确定"按钮应用设置。

（25）用同样的方法，将外套的领口颜色复制至外套袖口上，如图 4-111 所示。

图 4-109　　　　　　　　图 4-110　　　　　　　　图 4-111

（26）将腰带分成 3 部分，胸前的颜色为渐变填充，在"渐变填充"对话框中设置为从酒绿到白黄的渐变，在"选项"栏的"角度"数值框中输入"-45.0"，在"边界"数值框中输入"1"，然后单击"确定"按钮。

（27）胸前之下的腰带颜色填充与（26）步一样，由于手挡了光线，所以光照角度不一样，因此应在"渐变填充"对话框中的角度数值框中输入"45.0"，在"边界"数值框中输入"3"，单击"确定"按钮应用设置，渐变后的效果如图 4-112 所示。

（28）身后的腰带颜色要比前面的颜色深，按住工具箱中的"填充工具"按钮■不放，在展开工具条中单击"填充对话框"，在打开的对话框中将填充色设为"C: 31; M: 0; Y: 81; K: 0"，如图 4-113 所示。

（29）单击"确定"按钮，腰带的颜色效果如图 4-114 所示。

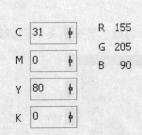

图 4-112　　　　　　　　图 4-113　　　　　　　　图 4-114

（30）腰带的颜色可以直接在调色板中单击绿松石颜色框■，再按住工具箱中的"填充工具"按钮■不放，在展开工具条中单击"渐变填充对话框"按钮■，在"渐变填充"对话框中的角度数值框中输入"120"，在"边界"数值框中输入"90"，单击"确定"按钮应用设置。

（31）裙子由前裙和后裙两部分组成，用操作步骤（18）的方法将上身外套的颜色复制到后裙上，如图 4-115 所示。

（32）选中前裙，单击工具箱中的"填充对话框"按钮■，填充色为"C: 0; M: 40; Y: 53; K: 14"，再用渐变填充进行填充，在"渐变填充"对话框中的角度数值框中输入"120"，在"边界"数值框中输入"3"，然后单击"确定"按钮，效果如图 4-116 所示。

（33）在前裙上用贝塞尔工具绘制出 3 块封闭曲线作为阴影，如图 4-117 所示。

（34）填充阴影，填充色为"C: 0; M: 60; Y: 80; K: 20"，再单击"渐变填充对话框"按钮，打开"渐变填充"对话框，参数设置如图 4-118 所示。

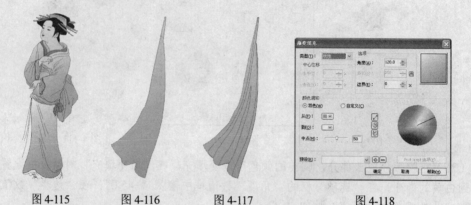

| 图 4-115 | 图 4-116 | 图 4-117 | 图 4-118 |

（35）将 3 块阴影选中，按住工具箱中的"轮廓工具"按钮不放，从展开的工具条中单击"无轮廓"按钮，将阴影的轮廓线去除，如图 4-119 所示。

（36）选择内裙下端，单击工具箱中的"渐变填充对话框"按钮，在打开的对话框中单击颜色调和的第一个颜色框，在弹出的调色板中单击"其他"按钮，在"选择颜色"对话框中将填充色设为"C: 40; M: 0; Y: 40; K: 0"，单击"确定"按钮。

（37）返回到"渐变填充"对话框，其参数设置如图 4-120 所示。

（38）单击"确定"按钮，完成内裙颜色的填充。

（39）填充脚部分的颜色，用步骤（18）的方法将手上颜色分别复制到脚背和脚趾上，如图 4-121 所示。

（40）用同样的方法将裙子上的颜色再分别复制到脚趾和木屐上，如图 4-122 所示。

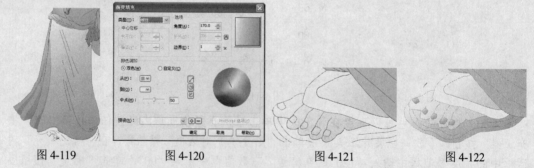

| 图 4-119 | 图 4-120 | 图 4-121 | 图 4-122 |

（41）用同样的方法将外套领口颜色复制到木屐上部和木屐后跟上。

（42）全身颜色填充完成了，将全图选中后按"Ctrl+G"组合键将其群组完成填充。

### 4.4.3　添加人物环境

（1）单击工具箱中的"贝塞尔工具"按钮，在人物的手上绘制一块手巾轮廓，单击工

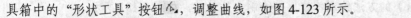

具箱中的"形状工具"按钮，调整曲线，如图 4-123 所示。

（2）单击工具箱中的"挑选工具"按钮，选中手巾，在调色板中单击黄色颜色框，就为手巾填充上了黄色。

（3）再给人物手上添加一支竹条做装饰物，绘制方法参照步骤（1），效果如图 4-124 所示。在调色板中单击绿色颜色框，效果如图 4-125 所示。

（4）使用矩形工具绘出一个矩形，在工具属性栏的对象大小数值框![](↔1240.0 mm)中输入对象宽度"1240"，对象高度数值框![](2160.0 mm)中输入高度值"2160"。

（5）按住工具箱中的"填充工具"按钮不放，在展开的工具条中单击"填充对话框"按钮，填充色为"C: 4; M: 7; Y: 31; K: 0"，其参数设置如图 4-126 所示。

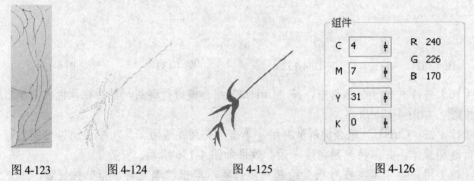

图 4-123　　　　图 4-124　　　　图 4-125　　　　图 4-126

（6）单击工具箱中的"交互式透明工具"按钮，按住"Ctrl"键不放并拉动小三角形作直线效果，效果如图 4-127 所示。

（7）按"空格"键切换到挑选状态，用鼠标右键单击调色板中的无轮廓按钮，效果如图 4-128 所示。

（8）在矩形的下方绘制 3 块不规则的小土丘，绘制方法同步骤（1），效果如图 4-129 所示。

（9）给土丘填充颜色，单击"填充对话框"按钮，在"均匀填充"对话框的"组件"栏中将填充色设置为"C: 22; M: 0; Y: 17; K: 51"。

（10）单击"交互式透明工具"按钮，从不同的角度分别对 3 个土丘进行透明度的渐变，使其体现出前后土丘的明暗关系，去除轮廓线，效果如图 4-130 所示。

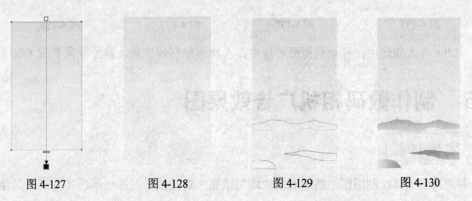

图 4-127　　　　图 4-128　　　　图 4-129　　　　图 4-130

（11）用步骤（1）的方法绘制竹枝，先绘制一片竹叶，如图 4-131 所示。

（12）双击竹叶，出现一个中心点，将中心点移至左下方。

（13）将光标移至竹叶边缘，出现旋转标志。旋转竹叶到一定的角度后迅速单击鼠标右键，就复制了另一片竹叶，如图 4-132 所示。

（14）继续对叶子进行复制，效果如图 4-133 所示。

（15）选中叶子，调整它们的大小，使 4 片叶子大小不一，效果如图 4-134 所示。

| 图 4-131 | 图 4-132 | 图 4-133 | 图 4-134 |

（16）将 4 片叶子全部选中，按"Ctrl+G"组合键进行群组，然后在调色板中单击绿色颜色框■，如图 4-135 所示。

（17）按"Ctrl+U"组合键解散群组，单击"交互式透明工具"按钮，分别对每片叶子进行透明操作，并保持光照角度一致，效果如图 4-136 所示。

（18）用贝塞尔工具在叶根处绘制一根竹茎，单击"填充对话框"按钮■，填充色为"C: 96; M: 51; Y: 95; K: 22"，再按"Ctrl+G"组合键进行群组，竹枝效果如图 4-137 所示。

（19）用步骤（13）和步骤（14）的方法再复制出另外 2 支竹枝，调节其大小和倾斜角度，如图 4-138 所示。

| 图 4-135 | 图 4-136 | 图 4-137 | 图 4-138 |

（20）将人物选中，移动到矩形环境中，人物图就制作完成，最终效果如图 4-66 所示。

# 4.5 制作数码相机广告效果图

**实例目标**

利用椭圆工具绘制饼图，然后利用"均匀填充"对话框设置图形颜色和图纸工具绘制网格图形，最后运用交互式网状填充工具丰富填充效果，最终效果如图 4-139 所示。

最终效果\第 4 章\数码相机广告效果图.cdr

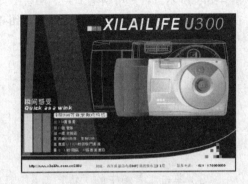

图 4-139

**制作思路**

本例的制作思路如图 4-140 所示，涉及的知识点有渐变填充、绘制饼形和弧形、底纹填充、用刻刀工具拆分图形、交互式网状填充、交互式填充、添加透镜特效和创建扭曲效果，其中交互式填充的使用是本例的重点内容。

①制作相机机身        ②制作相机镜头        ③设置宣传文字

图 4-140

**操作步骤**

## 4.5.1 制作数码相机的机身

（1）新建一个图形文件，保持页面方向为默认的横向。单击工具箱中的"钢笔工具"按钮 ，在绘图页面中绘制出如图 4-141 所示的曲线。再使用钢笔工具在绘图页面中绘制出如图 4-142 所示的小曲线。

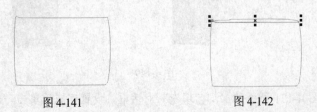

图 4-141            图 4-142

（2）单击工具箱中的"钢笔工具"按钮，在绘图页面中绘制出相机的左边曲线，如图 4-143 所示。再使用钢笔工具，在绘图页面中绘制单击工具箱中的"钢笔工具"按钮，在左边曲线中绘制相机的分块曲线，如图 4-144 所示。

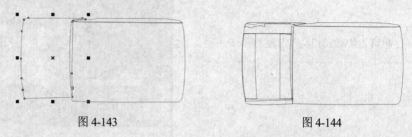

图 4-143                                         图 4-144

（3）单击工具箱中的"填充工具"按钮，并在其展开工具条中单击"渐变填充对话框"按钮，打开如图 4-145 所示的"渐变填充"对话框。

（4）设置完成后单击"确定"按钮，再单击工具箱中的"交互式透明工具"按钮，选择相机左边曲线，在其属性工具栏中进行相关的参数设置。效果如图 4-146 所示。

（5）选中左边曲线上方的小曲线，打开"渐变填充"对话框，在"选项"栏的"角度"数值框中输入"90"，在"边界"数值框中输入"30"。

（6）单击"确定"按钮，效果如图 4-147 所示，再单击工具箱中的"交互式透明工具"按钮，选择曲线，为其添加不透明效果，效果如图 4-148 所示。

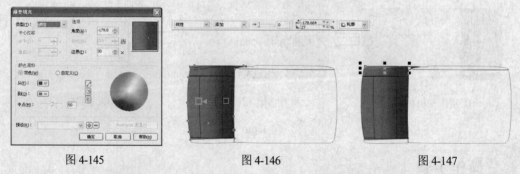

图 4-145                          图 4-146                          图 4-147

（7）选择曲线图形，按"F11"键打开"渐变填充"对话框，在"角度"数值框中输入"80"，在"边界"数值框中输入"5"。设置完成后单击"确定"按钮，再使用交互式透明工具选择曲线图形，制作效果如图 4-149 所示的透明效果。

（8）选择相机中的分块曲线，如图 4-150 所示。

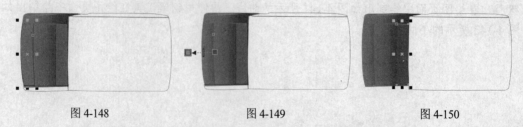

图 4-148                          图 4-149                          图 4-150

（9）打开如图 4-151 所示的"均匀填充"对话框，设置完成后单击"确定"按钮即可将渐变颜色填充到图形中。效果如图 4-152 所示。

（10）选择分块曲线中的上方曲线，如图 4-153 所示。单击工具箱中的填充工具，并在其展开工具条中单击"填充对话框"按钮，在打开的"均匀填充"对话框中将填充色设置为"C: 0; Y: 0; M: 0; K: 100"。设置完成后单击"确定"按钮，将渐变颜色填充到图形中。效果如图 4-154 所示。

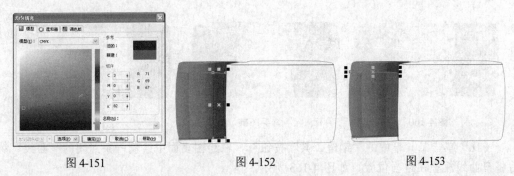

图 4-151　　　　　　　　　图 4-152　　　　　　　　　图 4-153

（11）选择分块曲线中的下方曲线如图 4-155 所示的图形，单击工具箱中的"填充工具"按钮，并在其展开工具条中单击"渐变填充"按钮，打开"渐变填充"对话框，分别在"角度"数值框中输入"176"，在"边界"数值框中输入"6"。设置完成后单击"确定"按钮即可。

（12）单击工具箱中的"交互式透明工具"按钮，选择下方曲线，制作效果如图 4-156所示。选择相机的右边曲线如图 4-157 所示，打开如图 4-158 所示的"渐变填充"对话框。设置完成后单击"确定"按钮，将渐变颜色填充到图形中。

（13）单击工具箱中的"交互式透明工具"按钮，选择右边曲线，如图 4-159 所示。

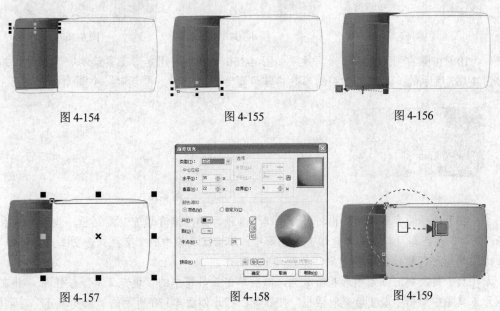

图 4-154　　　　　　　　　图 4-155　　　　　　　　　图 4-156

图 4-157　　　　　　　　　图 4-158　　　　　　　　　图 4-159

（14）在相机右边绘制封闭的曲线并将其复制一个，如图 4-160 所示。再次打开"渐变填充"对话框,在"角度"数值框中输入"-97",在"边界"数值框中输入"13",在"中点"数值框中输入"61"。设置完成后单击"确定"按钮,将渐变颜色填充到图形中。

(15)选择上面的封闭曲线,单击工具箱中的"交互式透明工具"按钮 ,制作透明效果,如图 4-161 所示。选择相机上截面图形,使用渐变填充工具和交互式透明工具制作如图 4-162 所示的效果。

图 4-160              图 4-161              图 4-162

(16)单击工具箱中的"钢笔工具"按钮 ,在绘图页面中绘制一条封闭的窄曲线,然后将窄曲线放置在适当位置,如图 4-163 所示。

(17)使用无轮廓工具将轮廓线去除,效果如图 4-164 所示。单击工具箱中的"钢笔工具"按钮 ,在相机右侧绘制一个右侧面。

(18)选择右侧面,打开"渐变填充"对话框,在"角度"数值框中输入"0",在"边界"数值框中输入"0",在"中点"数值框中输入"50"。设置完成后单击"确定"按钮即可。单击工具箱中的"交互式透明工具"按钮 ,选择绘制的右侧面,如图 4-165 所示。

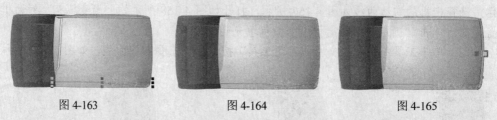

图 4-163              图 4-164              图 4-165

(19)去除右侧面的轮廓线,效果如图 4-166 所示。使用矩形工具绘制一个矩形,并按如图 4-167 所示的工具属性栏中的参数将其设置为圆角矩形,再复制一个圆角矩形备用。

图 4-166                               图 4-167

(20)选择圆角的矩形,再打开如图 4-168 所示的"渐变填充"对话框。设置完成后单击"确定"按钮即可将渐变颜色填充到图形中。单击工具箱中的"交互式透明工具"按钮 ,选择圆角矩形,制作其透明效果,如图 4-169 所示。

(21)将复制的圆角矩形略微放大,然后单击工具箱中的"填充工具"按钮 ,并在其展开工具条中单击"渐变填充对话框"按钮 ,打开如图 4-170 所示的"渐变填充"对话框。设置完成后单击"确定"按钮即可将渐变颜色填充到圆角矩形中。

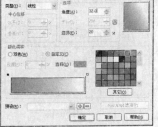

图 4-168　　　　　　　图 4-169　　　　　　　　　图 4-170

（22）单击工具箱中的"交互式透明工具"按钮 ，选择放大的圆角矩形，效果如图 4-171 所示。将两个圆角矩形重合在一起与制作好的图形放置组合起来，如图 4-172 所示。

（23）使用工具箱中的贝塞尔工具结合形状工具分别绘制取景器的外框、内框架、上方曲线和外取景器部分，效果分别如图 4-173、图 4-174、图 4-175 和图 4-176 所示。

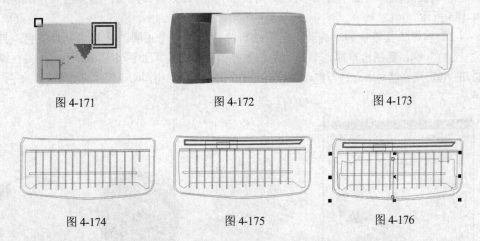

图 4-171　　　　　　　图 4-172　　　　　　　　　图 4-173

图 4-174　　　　　　　图 4-175　　　　　　　　　图 4-176

（24）使用工具箱中交互式透明工具和渐变填充对话框将绘制的图形分别制作成如图 4-177、图 4-178、图 4-179、图 4-180 和图 4-181 所示的效果。

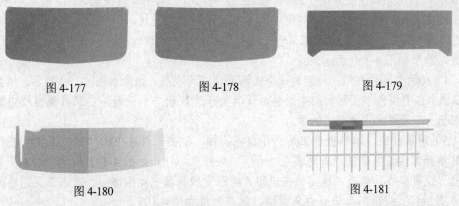

图 4-177　　　　　　　图 4-178　　　　　　　　　图 4-179

图 4-180　　　　　　　　　　　　　　图 4-181

（25）将刚才绘制的图形组合成如图 4-182 所示的效果。将组合图形放置在相机适当位置，效果如图 4-183 所示。

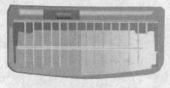

图 4-182                                                          图 4-183

## 4.5.2    制作数码相机镜头部分

（1）单击工具箱中的"椭圆工具"按钮 ◯ ，绘制一个椭圆。单击"填充工具"按钮 ◈ ，并在展开的工具条中单击"渐变填充对话框"按钮 ■ ，打开如图 4-184 所示的"渐变填充"对话框。设置完成后单击"确定"按钮，再使用交互式透明工具 ◈ ，选择椭圆，制作效果如图 4-185 所示。

（2）单击工具箱中的"椭圆工具"按钮 ◯ ，绘制一个正圆，将其填充为黑色。再按小键盘上"+"键，复制出与原图形等大的、重叠的正圆，效果如图 4-186 所示。再按住键盘上"Shift+Alt"组合键向中心进行拖动，绘制出一个同心正圆，将同心正圆填充为白色，如图 4-187 所示。

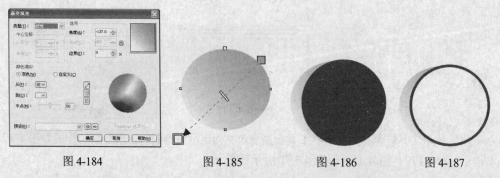

图 4-184                   图 4-185                   图 4-186                   图 4-187

（3）单击工具属性栏中的"饼形"按钮 ◔ ，将同心正圆图形转换成饼形，效果如图 4-188 所示。记住工具属性栏中的 ⌖ 框中的参数。复制这个圆饼，填充为浅灰色，单击其工具属性栏中的 ◔ 按钮，可以将饼形或弧形变成行顺时针方向或逆时针方向的图形，即进行 180° 的镜像，效果如图 4-189 所示。

（4）将两个圆饼群组，再绘制一个正圆并填充为灰度，效果如图 4-190 所示。然后使用挑选工具 ▶ 选中灰色小正圆和两个圆饼，使其处于选取状态，此时单击工具属性栏中的"修剪"按钮 ▯ ，效果如图 4-191 所示。

（5）解散群组，单击挑选工具选择白色圆饼，单击工具箱中的"填充工具"按钮 ◈ ，并在其展开工具条中单击"渐变填充对话框"按钮 ■ ，打开如图 4-192 所示的"渐变填充"对话框。设置完成后单击"确定"按钮即可将渐变颜色填充到图形中。单击工具箱中的"交互式透明工具"按钮 ◈ ，选择白色圆饼，制作效果如图 4-193 所示。

（6）使用挑选工具选择浅灰色圆饼，单击工具箱中的"填充工具"按钮 ◈ ，并在其展开工具条中单击"渐变填充对话框"按钮■，打开"渐变填充"对话框。在"角度"数值框中输入"163"，在"边界"数值框中输入"13"，在"中点"数值框中输入"46"。设置完成后单击"确定"按钮即可将渐变颜色填充到图形中。然后单击工具箱中的"交互式透明工具"按钮▨，选择白色圆饼，制作效果如图 4-194 所示。

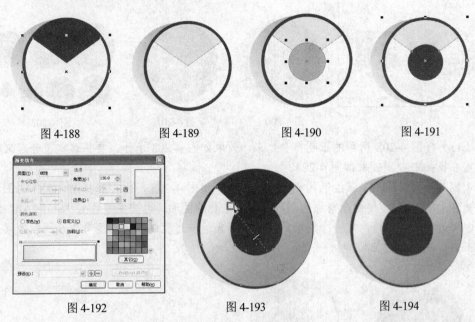

图 4-188          图 4-189          图 4-190          图 4-191

图 4-192                    图 4-193                    图 4-194

（7）单击工具箱中的"椭圆工具"按钮◐，绘制一个正圆，放置在由两个圆饼修剪后组成的圆环中央，填充为白色如图 4-195 所示。将其复制一个再打开"渐变填充"对话框，如图 4-196 所示。

（8）单击"确定"按钮即可将渐变颜色填充到图形中。效果如图 4-197 所示。单击工具箱中的"椭圆工具"按钮◐，按住"Ctrl"键不放，绘制一个正圆图形，如图 4-198 所示。

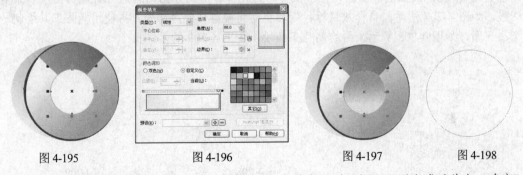

图 4-195          图 4-196          图 4-197          图 4-198

（9）选中正圆，打开如图 4-199 所示的"渐变填充"对话框。设置完成后单击"确定"按钮即可将渐变颜色填充到图形中。单击工具箱中的"交互式透明工具"按钮▨，选择正圆，制作效果如图 4-200 所示。

（10）使用挑选工具选择刚才制作的渐变填充正圆，再按小键盘上的"+"键复制出与原图形等大的、重叠的正圆，再按"Shift+Alt"组合键向中心进行拖动，形成一个同心正圆，单击工具属性栏中"平行镜像"按钮 ，效果如图 4-201 所示。使用前面的方法制作出经过渐变填充大小递减的正圆，效果如图 4-202 所示。

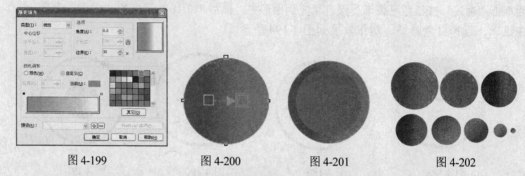

图 4-199          图 4-200          图 4-201          图 4-202

（11）将图 4-202 所示的正圆重合起来，效果如图 4-203 所示。再将这些重合起来的图形放置在镜头中心，效果如图 4-204 所示。

（12）使用贝塞尔工具绘制闪光灯的外轮廓，如图 4-205 所示。选择刚才制作的图形，再按键盘上的"+"键复制出与原图形等大的、重叠的图形，再按住键盘上"Shift+Alt"组合键向中心进行拖动，绘制出一个缩小同心图形重复这一过程制作出如图 4-206 所示效果。再使用工具箱中的矩形工具绘制一个矩形。

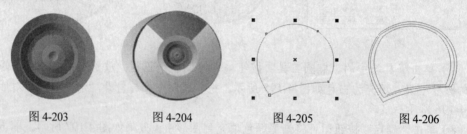

图 4-203          图 4-204          图 4-205          图 4-206

（13）单击工具箱中的"刻刀工具"按钮 ，将刻刀光标移动到需要分割的起点位置，光标变成 形状，按住鼠标左键并移动鼠标，将光标移动到分割的终点位置，将出现一条剪切线，如图 4-207 所示。再释放鼠标，矩形呈对角被剪切成两部分。再使用椭圆工具绘制一个小正圆，如图 4-208 所示。再绘制几条线段，如图 4-209 所示。

图 4-207          图 4-208          图 4-209

（14）再绘制一个矩形和一个多边形放在矩形对角线中央，打开"渐变填充"对话框，分别为其填充渐变效果，如图 4-210 所示。将绘制的闪光灯部分组合在一起，如图 4-211 所示。再使用交互式透明工具为其添加透明效果，如图 4-212 所示。

（15）将镜头部分合起来，如图 4-213 所示。再将这些重合起来的图形放置在前面制作图形的适当位置。将镜头部分移开，只显示两个圆环拷贝件，如图 4-214 所示。保持群组状态，使用挑选工具选择这个图形，再按小键盘上 "+" 键复制出与原图形等大的、重叠的图形，再按住键盘上 "Shift+Alt" 组合键向中心进行拖动，绘制出一个缩小同心图形，填充为浅灰色，如图 4-215 所示效果。

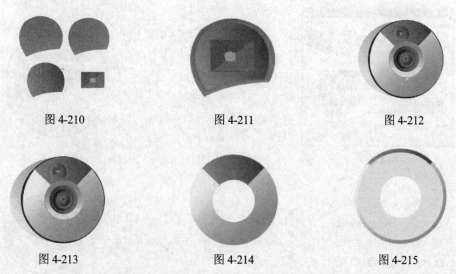

图 4-210　　　　　　　　　图 4-211　　　　　　　　　图 4-212

图 4-213　　　　　　　　　图 4-214　　　　　　　　　图 4-215

（16）使用挑选工具选中两个圆环，使其处于选取状态，单击工具属性栏中 "后剪前" 按钮，并将 "旋转角度" 设置为 "180"。复制修剪后的圆环，单击工具箱中的 "交互式变形工具" 按钮，并选中修剪后的的图形。

（17）单击工具属性栏中的 "拉链变形" 按钮，将其工具属性栏中的 "拉链失真振幅" 设置为 "1"，"拉链失真频率" 设置为 "5"，然后将光标移动到圆环图形的中间，按下鼠标左键不放，向右或向左推动一段，效果如图 4-216 所示。

（18）使用矩形工具绘制一个矩形，制作效果如图 4-217 所示。选择挑选工具选中两个圆环，使其处于选取状态，单击工具属性栏中修剪按钮，修剪效果如图 4-218 所示。

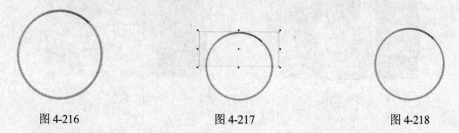

图 4-216　　　　　　　　　图 4-217　　　　　　　　　图 4-218

（19）使用挑选工具选中原始修剪圆环，取消群组，再选择上部圆环，打开如图 4-219 所示的 "渐变填充" 对话框。对原始修剪圆环渐变效果进行重新设置，完成后单击 "确定" 按钮，渐变填充效果如图 4-220 所示。

（20）将圆环与镜头部分群组，再将这些群组起来的图形放置在前面制作的图形的适当位置，效果如图 4-221 所示。单击工具箱中的 "箭头形状" 按钮，单击其工具属性栏上的按钮下角的按钮，弹出如图 4-222 所示的箭头面板。单击选择其中的一种箭头样式，在绘图页面中绘制箭头图形，然后再使用矩形工具绘制一个矩形，效果如图 4-223 所示。

（21）选择挑选工具选中矩形和箭头，使其处于选取状态，单击工具属性栏中修剪按钮，修剪效果如图 4-224 所示。将修剪箭头缩小填充为浅灰色，放置在画面适当位置，效果如图 4-225 所示。

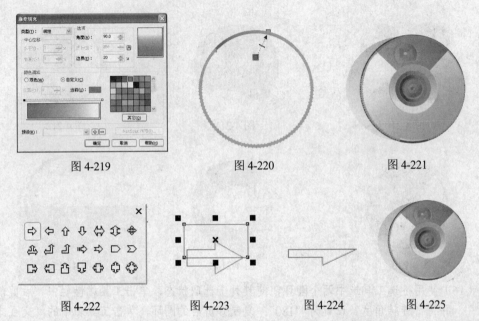

图 4-219　　　　　　　图 4-220　　　　　　　图 4-221

图 4-222　　　　　　图 4-223　　　　　图 4-224　　　　图 4-225

（22）单击工具箱中的"交互式网状填充工具"按钮，选取相机的右面，在工具属性栏框中设置网格数。选中网格上的一个和多个节点，在调色板中单击颜色，为相机填充颜色，效果如图 4-226 所示。

（23）单击工具箱中的"文本工具"按钮，输入一个"on"字母。再输入说明文字，数码相机最后制作效果如图 4-227 所示。

图 4-226　　　　　　　　　　　图 4-227

### 4.5.3　宣传广告的画面设计制作

（1）单击工具箱中的"矩形工具"按钮，绘制出一个矩形，选择【排列】/【转换为曲线】命令，使图形转换为曲线。

（2）打开"均匀填充"对话框。在该对话框中将矩形的颜色设置为"C: 1; Y: 0; M: 0; K: 3"。单击"轮廓工具"按钮，在展开工具条中单击"轮廓画笔对话框"按

钮[图]，打开"轮廓笔"对话框。设置参数如图 4-228 所示，设置完成后单击"确定"按钮
应用设置。

（3）选择这个填充矩形，再按小键盘中的"+"键复制出与原图形等大的、重叠的填充
矩形，使用形状工具将复制矩形的节点编辑成如图 4-229 所示的形状。

（4）选择这个编辑图形并填充为黑色，效果如图 4-230 所示，再打开 "轮廓笔"对话
框，在"宽度"下拉列表框中选择"1.0mm"，设置完成后单击"确定"按钮，应用效果。

图 4-228

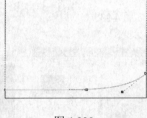

图 4-229

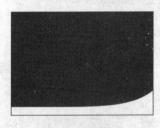

图 4-230

（5）使用形状工具选择矩形左上角的节点，此时单击工具属性栏中分离节点按钮[图]。然
后使用形状工具将分离后的节点移出原位，效果如图 4-231 所示。使用同样的方法将图形左
右边线都移位，效果如图 4-232 所示。

（6）保持矩形上边线选择状态，按"Delete"键，删除这一线条，效果如图 4-233
所示。

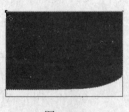

图 4-231

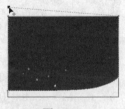

图 4-232

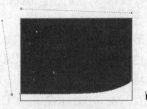

图 4-233

（7）选择余下的下边线，按键盘上的"↑"键，将下边线向上移动移动一定距离，效果
显示如图 4-234 所示。

（8）选中前面制作的数码照相机，按小键盘上"+"键复制出与原图形等大的、重叠的
数码照相机，按键盘上"↑"键，将复制的数码照相机向上移动移动一定距离用鼠标右键单击
调色板中的"无色"按钮[图]，取消图形对象的填充。然后单击"轮廓画笔对话框"按钮[图]，
在打开的"轮廓笔"对话框的"样式"下拉列表框中选择"发丝"，设置完成后单击"确定"
按钮，效果如图 4-235 所示。

（9）将两种效果的数码照相机放置在背景图形中，效果如图 4-236 所示。单击工具箱中
的"矩形工具"按钮[图]，绘制一个矩形。选取矩形并再次单击矩形，其四周将出现倾斜控制
手柄 ↔ 和 ↕。将光标移动到倾斜控制手柄 ↔ 或 ↕ 上，光标变成倾斜按钮[图]或 ↗，按下鼠标
左键不放，拖动鼠标，达到如图 4-237 所示的效果。

（10）单击工具箱中的"填充工具"按钮[图]，将弹出填充工具展开条，单击"填充对话

框"按钮 ，打开"均匀填充"对话框。在该对话框中将倾斜矩形颜色设置为如图 4-238 所示的色彩，如图 4-239 所示。

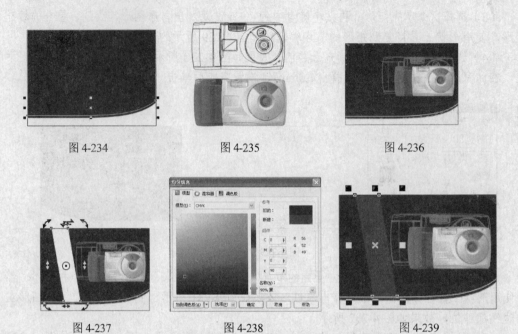

图 4-234　　　　　　　　图 4-235　　　　　　　　图 4-236

图 4-237　　　　　　　　图 4-238　　　　　　　　图 4-239

（11）使用前面的方法再绘制一条窄的倾斜矩形，如图 4-240 所示。单击工具箱中的"矩形工具"按钮 ，当光标变成矩形绘图光标 时，在绘图页面中按下"Ctrl 键"不放，拖动鼠标，达到所需效果后释放鼠标键，再释放"Ctrl"键，绘制出一个正方形。复制两个等大的正方形等距地并排在一起，如图 4-241 所示。

（12）单击工具箱中的"填充工具"按钮 ，将弹出填充工具展开条，单击"填充对话框"按钮 ，打开"均匀填充"对话框。在该对话框中将 3 个正方形的颜色分别设置为"C: 0; Y: 0; M: 100; K: 0"、"C: 100; Y: 0; M: 0; K: 0"和"C: 0; Y: 100; M: 0; K: 0"所示的色彩。设置完成后单击"确定"按钮，应用效果如图 4-242 所示。

图 4-240　　　　　　　　图 4-241　　　　　　　　图 4-242

（13）将三个正方形缩小放置在背景画面，如图 4-443 所示，然后单击工具箱的"文本工具"按钮 ，在绘图页面中输入文字，并在其工具属性栏的"字体"下拉列表框中选择"FranKlin Gothic Medium"，在"字号"下拉列表框中输入"59.187 pt"，然后单击"斜体"按钮 。设置后的效果如图 4-244 所示。

（14）将文字放置在背景画面中，单击工具箱中的"矩形工具"按钮□，在绘图页面中绘制一个矩形，并在其属性栏中进行如图 4-245 所示的设置。

（15）在矩形的工具属性栏中 设置矩形的圆角，如在一个框中输入 36。然后单击绘图页面中的任意位置或按"Enter"键，其矩形效果如图 4-246 所示。

（16）单击工具箱的"文本工具"按钮，在绘图页面中输入文字"DEC300 万像素数码相机"，并在其文字工具的工具属性栏中将"字体"设置为"Impact"，"字号"设置为"33.857"。

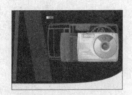

图 4-243                                     图 4-244

图 4-245                                    图 4-246

（17）将圆角矩形与文字组合起来，效果如图 4-247 所示，在绘图页面中再输入文字，并在其文字工具属性栏中将其"字体"设置为"经典繁平黑"，"字号"设置为"34.008"。将制作好的图形与文字组合起来，再放置在背景中，效果如图 4-248 所示。

（18）将组合图形文字放置在背景画面，效果如图 4-249 所示。

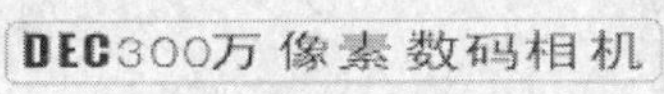

图 4-247                    图 4-248 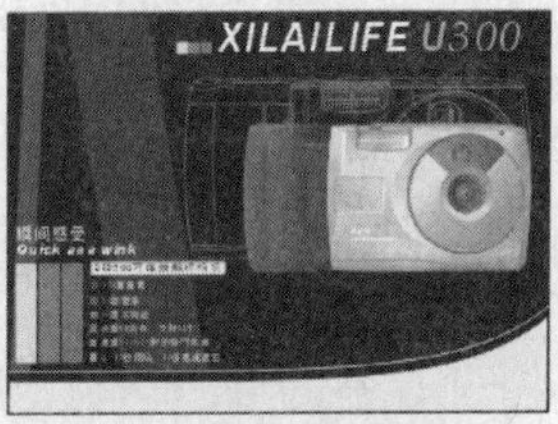                    图 4-249

（19）再单击工具箱的文本工具，在绘图页面中输入联系方式，如图 4-250 所示。然后将文字放置在背景中。

（20）单击工具箱中的图纸工具，在工具属性栏中的数值框中可以重新设置网格纸的列和行数，如设置为 9 和 9。按住"Ctrl"键不放，绘制正方形网状图形，如图 4-251 所示。

（21）选中网格，在其工具属性栏中单击"取消群组"按钮，使网格解散成一个个独立的单元正方格。选择不需要的正方格，按"Delete"键进行删除，分别选中需要填色的单元矩形，然后分别在调色板中设置不同的颜色块，完成后的效果如图 4-252 所示。

（22）绘制一个矩形，并按"Shift+PageDown"组合键，将其移至在网格后面，最后再将组合图形文字放置在背景画面，最终效果如图 4-139 所示。

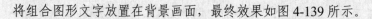

图 4-250　　　　　　图 4-251　　　　　　图 4-252

# 4.6　课后练习

根据本章所学内容，动手完成以下实例的制作。

### 练习 1　制作浏览器快捷按钮

运用矩形工具、多边形工具、椭圆工具以及渐变填充等操作，制作如图 4-253 所示的浏览器快捷按钮。

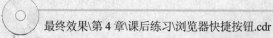

最终效果\第 4 章\课后练习\浏览器快捷按钮.cdr

图 4-253

### 练习 2　绘制古代人物图像

运用贝塞尔工具、形状工具、均匀填充以及轮廓笔工具等进行操作，制作如图 4-254 所示的古代人物图像。

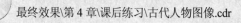

最终效果\第 4 章\课后练习\古代人物图像.cdr

图 4-254

### 练习 3　绘制奶牛卡通画

运用贝塞尔工具、形状工具、均匀填充、手绘工具、"群组"命令、"取消群组"命令等操作，制作如图 4-255 所示的奶牛卡通画。

最终效果\第 4 章\课后练习\奶牛卡通画.cdr

图 4-255

**练习 4　绘制儿童节贺卡**

运用渐变填充、艺术笔工具、文本工具、矩形工具等操作，制作如图 4-256 所示的儿童节贺卡。

最终效果\第 4 章\课后练习\儿童节贺卡.cdr

图 4-256

**练习 5　绘制花**

运用椭圆工具、旋转图形、镜像变换、填充工具、轮廓笔工具以及群组、复制、倾斜、缩放等操作，制作如图 4-257 所示的花的图片。

最终效果\第 4 章\课后练习\花.cdr

图 4-257

**练习 6　制作药品招贴广告**

运用矩形工具、贝塞尔工具、填充工具等进行操作，制作如图 4-258 所示的广告。

素材文件\第 4 章\课后练习\制作药品招贴广告\儿童.wmf、产品.wmf

最终效果\第 4 章\课后练习\药品招贴广告.cdr

图 4-258

**练习 7　制作照相机宣传广告效果**

运用矩形工具、交互式透明工具、文本工具等操作，制作效果如图 4-259 所示的广告。

素材文件\第 4 章\课后练习\制作照相机宣传广告效果\婚庆.jpg

最终效果\第 4 章\课后练习\照相机宣传广告效果.cdr

图 4-259

### 练习 8　制作打印机杂志广告效果

运用交互透阴影工具、矩形工具、文本工具等操作，制作效果如图 4-260 所示的广告。

素材文件\第 4 章\课后练习\制作打印机杂志广告效果\背景.jpg

最终效果\第 4 章\课后练习\打印机杂志广告效果.cdr

图 4-260

# 第5章

# 设置图形对象

设置图形对象主要包括图形轮廓的编辑以及图形的排序和组合等两方面的内容。本章将以 7 个制作实例来介绍关于这些知识的操作方法，主要涉及到轮廓线颜色、箭头样式等属性设置、对齐、分布和排列图形、群组、焊接、修剪和锁定图形等操作。

**本章学习目标：**
- 绘制一组信纸
- 制作多层字文字特殊效果
- 绘制地毯纹样
- 绘制 POP 海报
- 制作数码相册样本设计
- 制作汽车招贴广告
- 绘制茶叶包装设计的立体效果图

## 5.1 绘制一组信纸

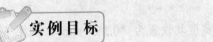

### 实例目标

首先绘制信纸边框，然后绘制信纸页面，包括网格和页眉等对象，最后添加信纸背景和标志。最终效果如图 5-1 所示。

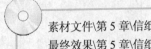

素材文件\第 5 章\信纸\信纸标志.jpg…
最终效果\第 5 章\信纸.cdr

图 5-1

 **制作思路**

本例的制作思路如图 5-2 所示，涉及的知识点主要有设置轮廓线颜色、线型和线宽、"位图颜色遮罩"泊坞窗的使用、交互式调和工具、交互式透明工具等，其中设置轮廓线颜色、线型和线宽以及交互式工具的使用是本例的重点内容。

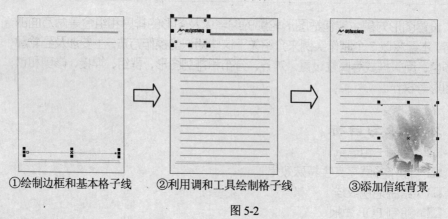

①绘制边框和基本格子线　②利用调和工具绘制格子线　③添加信纸背景

图 5-2

 **操作步骤**

（1）新建一个图形文件，并将其保存为"信纸.cdr"。

（2）使用矩形工具在绘图区中绘制一个矩形，大小为"127mm × 180mm"，使用"均匀填充"对话框将其填充色设置为"C: 0; M: 0; Y: 6; K: 0"，如图 5-3 所示。

（3）单击工具箱中的"手绘工具"按钮，切换为手绘工具。在矩形右上角绘制一条直线，在属性栏的"轮廓宽度"下拉列表框中选择"0.353 mm"选项，如图 5-4 所示。

（4）使用同样的方法绘制其余 3 条直线，轮廓宽度均设置为"0.353 mm"，如图 5-5 所示。

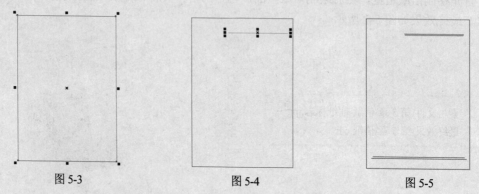

图 5-3　　　　　　　　　　图 5-4　　　　　　　　　　图 5-5

（5）在矩形上方绘制一条格子线，在属性栏中的"轮廓样式选择器"下拉列表框中选择 [---------] 选项，轮廓宽度设置为"0.353 mm"，如图 5-6 所示。

（6）按住"Ctrl"键不放，将此直线向下垂直拖动，到达合适位置后单击鼠标右键，复制出一条直线，如图 5-7 所示。

（7）单击工具箱中的"交互式调和工具"按钮，将光标移到绘制的第一条格子线上，光标变为形状，按住左键不放并拖动到下方复制的直线处，当出现如图 5-8 所示蓝色的预览调和线时释放鼠标即可。

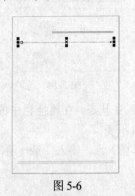
图 5-6

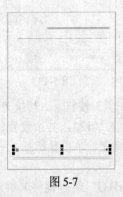
图 5-7

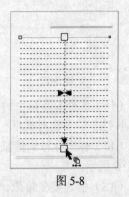
图 5-8

（8）在属性栏中的"步数或调和形状之间的偏移量"数值框 20 中输入"14"后按"Enter"键，效果如图 5-9 所示。

（9）按"Ctrl+I"组合键导入"信纸标志.jpg"，将其移到如图 5-10 所示位置。

（10）选择【位图】/【位图颜色遮罩】命令，打开"位图颜色遮罩"泊坞窗，单击"颜色选择"按钮，将光标移到绘图区中，光标变为形状。在标志图形的空白处单击汲取白色如图 5-11 所示。

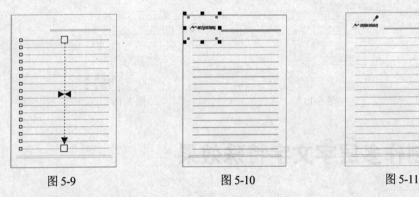

图 5-9　　　　　　　　　　図 5-10　　　　　　　　　　图 5-11

（11）在"容限"数值框中输入"10"，单击"应用"按钮，标志中多余的颜色被隐藏，如图 5-12 所示。

（12）导入"信纸背景.jpg"，移到如图 5-13 所示位置。

（13）使用前面步骤相同的方法将图片上的白色隐藏，效果如图 5-14 所示。

（14）按住工具箱中的"交互式调和工具"按钮，在展开的工具栏中单击"交互式透明工具"按钮，切换为交互式透明工具。

（15）在属性栏的"透明度类型"下拉列表框 无 中选择"标准"选项，效果如图 5-15 所示。

图 5-12

图 5-13

图 5-14

（16）单击工具箱中的"文本工具"按钮，切换为中文输入法状态，在属性栏中的"字体大小列表"下拉列表框中输入"12"，其余设置保持默认不变。

（17）将光标移到信纸的右下角上，单击鼠标插入一个文本插入点，输入"第　页"，如图 5-16 所示。

（18）框选整张信纸，按"Ctrl+G"组合键将其群组。

（19）按照绘制第 1 张信纸的方法绘制出其他信纸，信纸的颜色和格子线的线型线宽等属性可以依个人喜好进行设置，最终效果如图 5-1 所示。

图 5-15

图 5-16

# 5.2　制作多层字文字特殊效果

**实例目标**

先使用文本工具输入需要的文字，并设置好文字的字体和字号等参数，最后使用交互式轮廓图工具给对象添加多层轮廓。最终效果如图 5-17 所示。

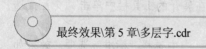
最终效果\第 5 章\多层字.cdr

图 5-17

 **制作思路**

　　本例的制作思路如图 5-18 所示，涉及的知识点主要有文字的输入与设置和交互式轮廓图工具的使用等，其中使用交互式轮廓图工具是本例的重点内容。

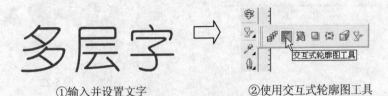

①输入并设置文字　　　　　　　②使用交互式轮廓图工具

图 5-18

**操作步骤**

　　（1）打开 CorelDRAW X3，新建一个图形文件，单击工具箱中的"文本工具"按钮，在绘图区中输入文字"多层字"。

　　（2）选中所有文字，然后在工具属性栏中将字体设置为"幼圆"，字号设置为"120"，按"Enter"键，效果如图 5-19 所示。

　　（3）在交互式调和工具处按住鼠标左键不放，在展开的展开工具条中单击"交互式轮廓图工具"按钮，如图 5-20 所示。

　　（4）单击属性栏中的向外按钮，将文字的轮廓方向定为向外，在轮廓图步数数值框中输入"5"，轮廓图偏移数值框中输入"2"，填充色下拉列表框中选择蓝色，效果如图 5-21 所示。

　　（5）确认文字被选中，单击调色板上的白色颜色框将文字填充为白色，完成操作，最后保存文件即可。

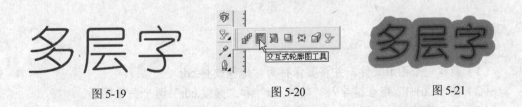

图 5-19　　　　　　　　　　图 5-20　　　　　　　　　图 5-21

# 5.3　绘制地毯纹样

**实例目标**

　　首先导入素材，并对其进行排列、分布和旋转等操作，然后进行复制、锁定和群组对象等操作，最后对绿叶图形进行复制和移动等操作。最终效果如图 5-22 所示。

 素材文件\第 5 章\地毯纹样\角纹.cdr…

最终效果\第 5 章\地毯纹样.cdr

图 5-22

 制作思路

本例的制作思路如图 5-23 所示，涉及的知识点主要有多对象的排列与分布、图形的复制与移动、图形的锁定和群组等，其中多对象的排列与分布、图形的锁定和群组是本例的重点内容。

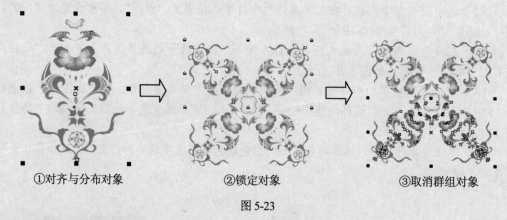

①对齐与分布对象　　　　　②锁定对象　　　　　③取消群组对象

图 5-23

操作步骤

（1）新建一个图形文件，并将其保存为"地毯纹样.cdr"。

（2）按"Ctrl+I"组合键导入"花纹.cdr"和"角纹.cdr"两个矢量图形。

（3）将角纹移到花纹下方，选择【排列】/【对齐和分布】/【垂直居中对齐】命令，使其中心对齐在同一垂直线上，效果如图 5-24 所示。

（4）框选两个图形对象，单击 按钮群组图案，在属性栏的 数值框中输入"45"，使其向左倾斜 45 度，如图 5-25 所示。

（5）选择群组后的图形对象，按"+"键复制图形。按住"Ctrl"键不放的同时按住鼠标左键并向左拖动图形右侧的控制柄，当图形左边出现蓝色虚线图时释放鼠标即可，如图 5-26 所示。

（6）使用相同的方法复制并移动出其他两个角的图形。

图 5-24               图 5-25               图 5-26

（7）框选上方两个图形，选择【排列】/【锁定对象】命令将其锁定，如图 5-27 所示。

（8）框选下方两个图形，单击 按钮，取消全部群组。

（9）选择两图形之间的绿叶图案，单击 按钮将其群组，如图 5-28 所示。

（10）复制绿叶图形，按住 "Ctrl" 键不放向下拖动其上方的控制柄，当其下方出现蓝色虚线图时释放鼠标左键，并按 "↓" 键将其向下移动一小段距离。

（11）使用相同的方法复制出其他 3 个绿叶图形并移动到如图 5-29 所示的位置。

（12）导入 "边纹.cdr"，将其复制并分别放置于 4 条边的中间，完成操作。最终效果如图 5-22 所示。

图 5-27               图 5-28               图 5-29

# 5.4   绘制 POP 海报

 **实例目标**

绘制两个矩形，并进行对齐和分布操作，然后导入图形进行焊接操作，接着导入其他素材并进行设置，最后输入广告词并设置字体。最终效果如图 5-30 所示。

素材文件\第 5 章\POP 海报\花束.cdr…
最终效果\第 5 章\POP.cdr

图 5-30

**193**

本例的制作思路如图 5-31 所示，涉及的知识点主要有多对象的对齐、图形的焊接等造形以及文字的输入与设置，其中多对象的对齐和图形的造形操作是本例的重点内容。

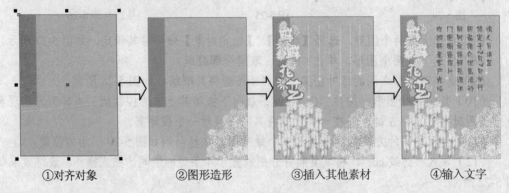

　　　①对齐对象　　　　　　　②图形造形　　　　　　③插入其他素材　　　　　④输入文字

图 5-31

　　（1）使用矩形工具在页面中绘制一个矩形，并将其填充为月光绿色，按"Shift+Page Down"组合键将其置于最下方。

　　（2）绘制一个小矩形，填充为酒绿色，并移动至较大矩形的左上角。

　　（3）框选两个矩形，选择【排列】/【对齐和分布】/【对齐和分布】命令，打开"对齐与分布"对话框，选中✓顶部(T)复选框和☑左(L)复选框，单击"应用"按钮，使两矩形以顶端和左边缘为基准对齐，如图 5-32 所示。

　　（4）导入"花丛.cdr"，将其移动到海报的右下角。

　　（5）在花丛图形右侧绘制一个矩形，填充为白色，并使其左边缘与海报的右边缘重合，选择这个矩形，并按住"Shift"键不放加选花丛图形。

　　（6）选择【排列】/【造形】/【造形】命令，打开"造形"泊坞窗，在"焊接"下拉列表框中选择"后减前"选项，单击"应用"按钮，即可将花丛右侧的多余部分清除，效果如图 5-33 所示。

　　（7）在花丛下方绘制一个白色矩形，并使其上边缘与背景下边缘重合，框选矩形和花丛图形，单击属性栏中的"后减前"按钮，将花丛下方的多余部分清除，如图 5-34 所示。

　　（8）导入"花束.cdr"，将其移动到海报的左下角。

　　（9）在花束图形下方绘制一个矩形，填充为白色，并使其上边缘与海报的下边缘重合，框选矩形和花束图形，单击属性栏中的"后减前"按钮或选择【排列】/【造形】/【后减前】命令，将花束下方的多余部分清除。

　　（10）导入"鲜鲜花艺.cdr"和"栏.cdr"，将其移到如图 5-35 所示的位置，并框选两个图形，按"Shift + Page Up"组合键将其置于最上方。

图 5-32

图 5-33

图 5-34

（11）单击"文本工具"按钮 ![text tool]，在绘图区中单击鼠标，输入文字内容。切换为挑选工具 ![pick]，单击属性栏中的"垂直排列文本"按钮 ![vertical]，使文字垂直排列。将文字填充为绿色并移动到相应的位置，如图 5-36 所示。

（12）按小键盘上的"+"键复制文字并填充为白色。选择白色文字，按"Shift+Page Up"组合键将其置于最上方，用鼠标向右上方拖动一段距离，使文字看起来有立体感，如图 5-37 所示。

（13）完成制作，保存文件，最终效果如图 5-30 所示。

图 5-35

图 5-36

图 5-37

# 5.5　制作数码相册样本设计

## 实例目标

首先导入位图并进行处理，然后输入文字并设置文字格式，最后制作 Logo 标签。最终效果如图 5-38 所示。

素材文件\第 5 章\相册样本\婚庆.jpg、玫瑰.jpg
最终效果\第 5 章\相册样本.cdr

图 5-38

制作思路

本例的制作思路如图 5-39 所示，涉及的知识点主要有位图的导入、投影效果的设置、辅助线的使用、轮廓线的设置、透明效果的创建、文字的输入与设置、图形的造形等，其中位图的设置、轮廓线的设置以及图形的造形是本例的重点内容。

①导入位图

②设置文字

③制作 Logo

图 5-39

操作步骤

## 5.5.1  数码摄影人物图片的处理

（1）新建一个图形文件，其页面方向为默认的横向。

（2）选择【文件】/【导入】命令或单击标准工具栏中的"导入"按钮，打开"导入"对话框，选择"重新取样"选项，选择"玫瑰.jpg"图形文件，单击"导入"按钮。

（3）在 CorelDRAW X3 的画布中单击鼠标左键导入该图形文件。

（4）用同样方法导入"婚庆.jpg"图形文件，然后将两张图片组合在一起，效果如图 5-40 所示。

（5）使用矩形工具沿画面边框绘制一个矩形，选择【排列】/【转换为曲线】命令，使矩形转换为曲线。

（6）在水平标尺上按住鼠标左键不放并拖动光标到绘图区中，创建多条辅助线。

（7）在多条辅助线与矩形相交的位置，使用形状工具添加节点，将节点进行编辑，复制一份作为原始图形，效果如图 5-41 所示。

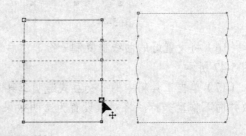

图 5-40　　　　　　　　　　　　　　　　　图 5-41

（8）选择一个编辑节点图形，单击"轮廓工具"按钮 ，在展开的工具条中单击"轮廓画笔对话框"按钮 ，打开对话框，设置图形轮廓的属性，效果如图 5-42 所示。

（9）单击工具箱中的"形状工具"按钮 ，选择矩形左上角的节点，此时单击属性栏中分离节点按钮，使用形状工具将分离后的节点移出原位，效果如图 5-43 所示。

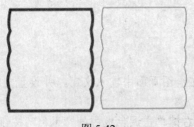

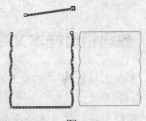

图 5-42　　　　　　　　　　　　　　　　　图 5-43

（10）删除移出的上边线，用相同方法再删除下边线。

（11）单击工具箱中的"挑选工具"按钮 ，选中需要裁剪的位图，再选择【效果】/【图框精确剪裁】/【放置在容器中】命令，光标变成 形状，单击复制的原始图形容器，得到如图 5-44 所示的位图裁剪效果。

（12）选择【效果】/【图框精确剪裁】/【编辑内容】命令，可重新编辑位图在容器中的位置。

（13）选择【效果】/【图框精确剪裁】/【结束编辑】命令，选中位图，然后移动到需要的位置，效果如图 5-45 所示。

（14）单击"轮廓笔对话框工具"按钮 ，在展开的工具条中单击"无轮廓"按钮 ，将选取的对象设置为没有轮廓。并将前面制作的曲线框与图片重叠，效果如图 5-46 所示。

（15）使用挑选工具选中曲线框，单击"轮廓工具"按钮 ，在展开工具条中单击"轮廓画笔对话框"按钮 ，在其属性栏中设置矩形轮廓的宽度。

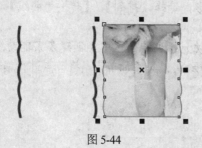

图 5-44　　　　　　　　　　　　　　　　　图 5-45

　　（16）将设置好的曲线框复制一份，然后进行垂直镜像处理，再移到相应的位置，效果如图 5-47 所示。

　　（17）单击工具箱中的"交互式透明工具"按钮，单击右上方的图片对象，按住鼠标不放并向下拖动光标，将对象设置为透明效果，如图 5-48 所示。

图 5-46　　　　　　　　　　图 5-47　　　　　　　　　　图 5-48

## 5.5.2　数码相册样本文字的处理

　　（1）单击工具箱的"文本工具"按钮，在绘图页面中输入文字，并设置文字格式，效果如图 5-49 所示。

　　（2）复制文字，然后选择原始文字，用鼠标右键单击调色板中的"无色"按钮，取消图形对象的填充。

　　（3）使用挑选工具选中无填充的文字，单击"轮廓工具"按钮，在展开的工具条中单击"轮廓画笔对话框"按钮，效果如图 5-50 所示。

图 5-49　　　　　　　　　　　　　　　　　图 5-50

　　（4）将制作好的无填充文字复制几个并放置在不同的位置，效果如图 5-51 所示。

　　（5）使用挑选工具选中复制的文字，打开"均匀填充"对话框，将两个图形的颜色设置为如图 5-52 所示的色彩，效果如图 5-53 所示。

图 5-51

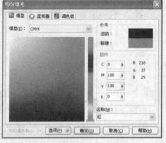
图 5-52

图 5-53

（6）单击工具箱中的"交互式阴影工具"按钮，在均匀填充的文字上按住鼠标左键并拖动一段距离，然后释放鼠标，完成交互式阴影处理，如图 5-54 所示。

（7）单击工具箱的"文本工具"按钮，在绘图页面中输入文字，单击属性栏中"文本格式"按钮或按"Ctrl+T"组合键，打开"格式化文本"对话框。

（8）单击"字符"选项卡，在其中进行一定的设置，再输入一些文字排列成如图 5-55 所示的效果。

图 5-54

图 5-55

（9）将文字填充为白色，如图 5-56 所示。

（10）单击工具箱中的"基本形状工具"按钮，在其属性栏中单击按钮下角的按钮，在弹出的列表中选择心形形状图形。

（11）绘制心形图形，利用均匀填充工具将色彩设置为如图 5-57 所示的颜色。

图 5-56

图 5-57

（12）将心形图形复制两个，放置在原始图形之上。

（13）将两个图形进行修剪，并将复制的第 3 个图形与原始图形组合起来，进行轮廓处理，如图 5-58 所示。

（14）单击工具箱的"文本工具"按钮 ❸，输入文字并设置其格式，效果如图 5-59 所示。

图 5-58　　　　　　　　　　　　　　　　图 5-59

（15）使用挑选工具选中文本和心形组合图形，利用均匀填充，将两者的颜色设置为如图 5-60 所示的颜色。填充后的效果如图 5-61 所示。

（16）将制作好的标志图形添加一个白色背景矩形框，与制作好的图形放在一起，完成本例的制作，最终效果如图 5-38 所示。

图 5-60　　　　　　　　　　　　　　　　图 5-61

## 5.6　制作汽车招贴广告

 **实例目标**

首先利用贝塞尔等工具绘制招贴广告的背景，然后利用椭圆工具等绘制招贴广告的主题内容，最后导入素材并输入广告内容。最终效果如图 5-62 所示。

素材文件\第 5 章\招贴广告\轿车.cdr
最终效果\第 5 章\招贴广告.cdr

图 5-62

**制作思路**

　　本例的制作思路如图 5-63 所示，涉及的知识点主要有贝塞尔工具的使用、交互式调和工具的使用、椭圆工具的使用、图形的群组与对齐、图形轮廓的设置等，其中贝塞尔工具的使用、图形的群组与对齐和图形轮廓的设置是本例的制作重点内容。

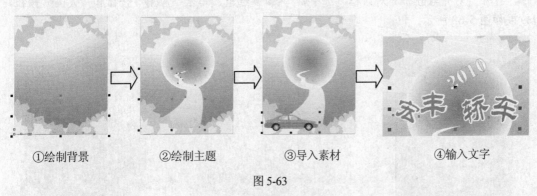

①绘制背景　　　　　　②绘制主题　　　　　　③导入素材　　　　　　④输入文字

图 5-63

**操作步骤**

## 5.6.1　绘制招贴背景

　　（1）使用矩形工具绘制一个矩形，设置其宽度和高度分别设置为"209mm"和"260mm"，并利用均匀填充将其填充值设置为"C：0；M：10；Y：0；K：0"。

　　（2）使用贝塞尔工具结合形状工具在矩形上方绘制一条封闭的曲线，将其填充为与矩形相同的颜色，效果如图 5-64 所示。

　　（3）在矩形下方再绘制一条封闭的曲线，并填充为红色，单击工具箱中的"交互式调和工具"按钮，将光标移到下方的曲线上按住鼠标左键不放，并向上拖动，当光标到达上方曲线时释放鼠标。

　　（4）选中上方曲线，用鼠标右键单击调色板中的⊠按钮，去除其轮廓线，效果如图 5-65 所示。

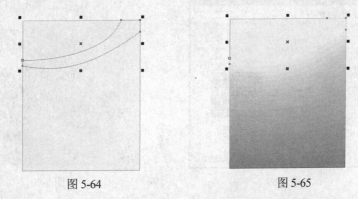

图 5-64　　　　　　　　　　　　　　　　图 5-65

　　（5）使用贝塞尔工具结合形状工具在矩形的上方绘制一条封闭的曲线，并填充为深黄色，去除其轮廓线，如图 5-66 所示。

（6）用相同方法在封闭曲线上绘制更多的色块，并进行填充，其填充值分别为 "C: 0; M: 11; Y: 54; K: 0" 和 "C: 2; M: 5; Y: 28; K: 0"，效果如图 5-67 所示。

（7）将绘制的色块选中并群组，将其复制并垂直镜像。

（8）选中镜像的花丛，再选中矩形，选择【排列】/【对齐和分布】/【对齐和分布】命令，打开 "对齐与分布" 对话框，选中 ☑ 底部(B) 复选框，单击 "应用" 按钮和 "关闭" 按钮，效果如图 5-68 所示。

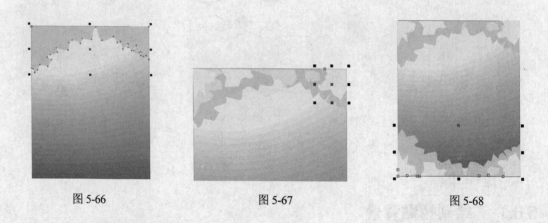

图 5-66　　　　　　　　　图 5-67　　　　　　　　　图 5-68

## 5.6.2　制作主题部分

（1）使用椭圆工具在矩形中绘制一个正圆，打开 "渐变填充" 对话框，在 "类型" 下拉列表框中选择 "射线" 选项，选中 ⊙ 自定义(C) 单选按钮，在下方的颜色编辑条中设置从白色到红色的渐变填充，其他设置如图 5-69 所示，然后单击 "确定" 按钮。

（2）去除其轮廓线，继续使用贝塞尔工具和形状工具在正圆下方绘制一条封闭曲线，并使用渐变填充工具将其填充为从浅黄色到深黄色的渐变效果，并去除其轮廓线，如图 5-70 所示。

图 5-69　　　　　　　　　　　　　　　图 5-70

（3）导入 "轿车.cdr" 图形，将其选中并移到下方花丛上，调整其大小和位置，如图 5-71

所示。

（4）使用文本工具在正圆上方输入年份，并在属性栏中将其字体设置为 "Bauer Bodni Blk BT"，字号设置为 "64"，并旋转一定的角度，然后填充为白色，如图 5-72 所示。

（5）选中年份，打开 "轮廓笔" 对话框，将轮廓颜色填充为洋红，在 "宽度" 下拉列表框中选择 "0.706mm" 选项，单击 "确定" 按钮。

（6）在年份的下方输入轿车名称，并使用形状工具调整其位置和方向，在属性栏中将其字体设置为 "方正隶二简体"，字号设置为 "90"，将其填充为红色，效果如图 5-73 所示。

图 5-71

图 5-72

图 5-73

（7）选中轿车名称，打开 "轮廓笔" 对话框，将轮廓颜色设置为白色，在 "宽度" 下拉列表框中选择 "2.822mm" 选项，单击 "确定" 按钮，轮廓效果如图 5-74 所示。

（8）使用文本工具在汽车名称下方输入宣传语，在属性栏中将其字体设置为 "方正美黑简体"，字号设置为 "42"，将其填充为白色。

（9）将宣传语复制一个，将其填充为洋红色，按 "Ctrl+PageDown" 组合键，将其移到白色宣传语的下方。再打开 "轮廓笔" 对话框，将其轮廓颜色设置为洋红色，将轮廓宽度设置为 "0.3mm"，效果如图 5-75 所示。

（10）使用文本工具在下方花丛的右侧输入联系方式，将其字体设置为 "黑体"，使用挑选工具将字号调整到适当大小，如图 5-76 所示。

（11）将联系方式填充为白色，再复制一个，并将其移到原联系方式的下方，将其填充为洋红色，再使用鼠标右键单击调色板中的洋红，将其轮廓颜色填充为洋红色，完成本例的制作。最终效果如图 5-62 所示。

图 5-74

图 5-75

图 5-76

# 5.7 绘制茶叶包装设计的立体效果图

**实例目标**

首先利用矩形工具绘制茶盒轮廓图，然后填充颜色并导入位图，接着绘制盖碗茶图形，并输入茶盒名称，然后绘制右侧紫色的茶盒，最后制作茶盒倒影。最终效果如图 5-77 所示。

素材文件\第 5 章\茶叶包装设计\山水画.jpg
最终效果\第 5 章\茶叶包装设计.cdr

图 5-77

**制作思路**

本例的制作思路如图 5-78 所示，涉及的知识点主要有矩形工具的使用、手绘工具的使用、形状工具的使用、贝塞尔工具的使用、文本工具的使用、交互式填充工具的使用、交互式透明工具的使用、透视的添加、位图的导入、图形对象的镜像、"群组"命令、"取消群组"命令等，其中透视点的添加、图形的镜像和群组是本例的重点内容。

①填充茶盒并导入位图　　②绘制盖碗茶图形并制作名称　　③制作紫色茶盒

图 5-78

**操作步骤**

## 5.7.1 绘制茶盒的轮廓

（1）新建一张 A4 页面，将页面设置为横向模式。

（2）用矩形工具□绘制一个矩形，长为"112mm"，宽为"70mm"，作为茶盒的正面。

（3）继续利用矩形工具□绘制一个矩形，长为"112mm"，宽为"7mm"，作为盒盖。

（4）用挑选工具▷选择盒盖的矩形，选择【效果】/【添加透视】命令，此时矩形出现网格透视点，将光标移动到透视点上，按住"Ctrl+Shift"组合健，按住鼠标左键水平移动，得到一个透视图形，效果如图 5-79 所示。

（5）用相同方法绘制右侧茶盒的透视轮廓，其中正面茶盒的长为"116mm"，宽为"80mm"；侧面茶盒的高为"80mm"，宽为"13mm"；盒盖的长为"116mm"，宽为"6mm"。效果如图 5-80 所示。

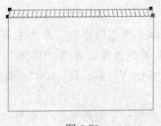

图 5-79

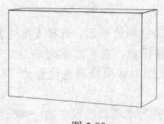

图 5-80

## 5.7.2  绘制茶盒的外观元素

（1）选择左侧茶盒的正面图形，打开"均匀填充"对话框，设置颜色值为"C: 100;M: 100; Y: 100; K: 100"，单击"确定"按钮。

（2）单击工具箱中的"交互式填充工具"按钮◆，从图形的左上角拖动光标到右下角，对图形进行渐变，然后用鼠标右键单击调色板上的⊠按钮去掉边框，如图 5-81 所示。

（3）导入"山水画.jpg"图形文件，并将其移植正面茶盒的最左边，修改高度与茶盒高度一致，如图 5-82 所示。

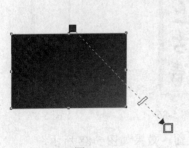

图 5-81

图 5-82

（4）用相同方法对盒盖进行从左下方到右上方的交互式填充。

（5）复制导入的位图，单击工具箱中的"形状工具"按钮⌖，按住"Ctrl"键，依次拖动位图的节点，使其与盒盖完全重合，效果如图 5-83 所示。

（6）选择【效果】/【艺术笔】命令，打开艺术笔泊坞窗。

（7）用贝塞尔工具✏绘制茶杯轮廓曲线，然后用形状工具⌖对曲线进行节点编辑，效果如图 5-84 所示。

图 5-83                    图 5-84

（8）选择绘制的图形，选择【排列】/【群组】命令将图形群组。单击工具箱中的"艺术笔工具"按钮，在艺术笔泊坞窗中选择笔刷效果，单击"应用"按钮。并利用"均匀填充"对话框将颜色设置为"C：74；M：54；Y：44；K：100"，效果如图 5-85 所示。

（9）选择艺术笔泊坞窗中的笔刷效果，绘制一个矩形外框，长为"14mm"，高为"38mm"，将颜色填充为"C：0；M：100；Y：100；K：0"。

（10）继续用矩形工具绘制一个矩形，长为"10mm"，高为"34mm"。

（11）按住工具箱中的"轮廓工具"按钮不放，在展开的工具条中选择"轮廓颜色对话框"按钮，在打开的对话框中将颜色设置为"C：0；M：100；Y：100；K：0"。然后将矩形放入第 9 步绘制的图形中。

（12）在矩形框中输入茶叶名字"上古清"，设置其字体为"方正新舒简体"，字号为"30"，并垂直排列，如图 5-86 所示。

（13）用相同方法输入"中国·北京"文字，设置字号为"6"，放在矩形框右边，按住"Shift"键再选中"上古清"，将颜色改为白色，如图 5-87 所示。

图 5-85                    图 5-86                    图 5-87

（14）将图 5-87 所示的所有图形移动到茶盒正面，效果如图 5-88 所示。

（15）输入"茶"字，设置字体为"方正新舒体"，字号为"70"，颜色填充为"C：0；M：20；Y：100；K：0"，并将产品标识与各种数据参数输入，标识放在茶名的左上方，而一些数据放在右下方，字体为"方正大标宋简体"，颜色为"C：44；M：28；Y：20；K：0"，效果如图 5-89 所示。

（16）将右侧茶盒正面和侧面的颜色填充为"C：54；M：99；Y：16；K：0"。

（17）利用交互式透明工具对正面茶盒进行从左上方到右下方的渐变，如图 5-90 所示。

图 5-88                                              图 5-89

（18）利用交互式透明工具 ，对侧面的茶盒进行模式为"标准"，透明值为"17"的渐变填充，效果如图 5-91 所示。

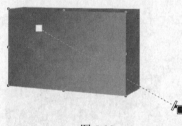 

图 5-90                                              图 5-91

（19）用交互式填充工具 对盒盖进行从左到右的渐变。

（20）导入"山水画.jpg"图形文件，并按照制作左侧茶盒的方法，将其分别放在茶盒 3 面的右侧位置。

（21）选择 3 幅山水画，选择【排列】/【顺序】/【到图层后面】命令，改变位图位置，效果如图 5-92 所示。

（22）用矩形工具 绘制一个矩形，长为"13mm"，高为"34mm"，并将其边框颜色填充为"C：98；M：89；Y：0；K：0"。

（23）选择【效果】/【添加透视】命令，按住"Shift"键不放，按住鼠标左键拖动矩形控制节点调整其透视角度。

（24）复制一个矩形，并将其适当缩小，设置其填充颜色为"C：54；M：99；Y：16；K：0"。

（25）在矩形框中输入茶叶名字"上古清"，设置其字体为"方正黄草简体"，字号为"30"，将颜色填充为白色，并使其垂直排列，效果如图 5-93 所示。

（26）输入"茶"字，将字号设置为"80"，颜色填充为"C：44；M：2；Y：98；K：0"，再复制一个"茶"字，颜色填充为"C：44；M：2；Y：98；K：0"。

（27）选择【排列】/【顺序】/【向后一层】命令，并将复制所得到的"茶"字适当地向右下角拖动作为阴影，如图 5-94 所示。

（28）绘制一组线段，根据产品代码设定绘制线段的线宽，以此来制作条形码。

（29）用矩形工具绘制一个矩形，并填充为白色，按住"Shift"键的同时选择条形码。

选择【排列】/【对齐和分布】/【对齐和分布】命令，在"对齐和分布"对话框中设置条形码和矩形中心对齐，效果如图 5-95 所示。

图 5-92        图 5-93        图 5-94        图 5-95

（30）将矩形和条形码放在茶盒侧面，将其编辑成具有一定透视效果，如图 5-96 所示。

（31）输入"中国·北京"字样，将字体设置为"方正新舒简体"，字号设置为"6"，颜色填充为"C: 0; M: 20; Y: 100; K: 0"。

（32）输入茶叶的各种数据参数、公司名称和标识等，标识放入左上角，其他数据放在右下角，字号为"5"，效果如图 5-97 所示。

图 5-96                    图 5-97

## 5.7.3    绘制茶盒的倒影

（1）绘制一个矩形作为底纹，长为"297mm"，宽为"210mm"，颜色填充为"C: 100; M: 100; Y: 100; K: 100"，并将其移到茶盒图形后面。

（2）复制左边茶盒的正面，并将其垂直镜像，然后向下垂直移动，如图 5-98 所示。

（3）利用交互式透明工具 ✎ 对茶盒进行从上到下的透明渐变，效果如图 5-99 所示。

图 5-98                    图 5-99

（4）用相同方法对右侧茶盒的正面图形进行复制、垂直镜像和移动操作。双击镜像的图形，按住图形左边的控制柄向上拉动，如图 5-100 所示。

（5）利用交互式透明工具对图形上各个物体进行互动式透明渐变，如图 5-101 所示。

（6）按第 4～5 步的方法绘制茶盒侧面的阴影效果，完成本例的制作，最终效果如图 5-77 所示。

图 5-100

图 5-101

# 5.8　课后练习

根据本章所学内容，动手完成以下实例的制作。

### 练习 1　制作镂空字文字特殊效果

运用矩形工具、调色板、"对齐和分布"对话框、造形泊坞窗等功能制作如图 5-102 所示的"镂空字"文字特殊效果。

最终效果\第 5 章\课后练习\镂空字.cdr

图 5-102

### 练习 2　制作儿童摄影数码相册效果

运用位图的导入、辅助线的使用、轮廓线的设置、文字的输入与设置等功能制作如图 5-103 所示的儿童摄影数码相册效果。

素材文件\第 5 章\课后练习\儿童摄影\女孩 1.jpg、女孩 2.jpg、女孩 3.jpg、女孩 4.jpg
最终效果\第 5 章\课后练习\儿童摄影.cdr

图 5-103

**练习 3　绘制装饰纹样**

　　运用多对象的排列与分布、图形的复制与移动、图形的锁定、群组等功能制作如图 5-104 所示的装饰纹样。

素材文件\第 5 章\课后练习\纹样\1.cdr、2.cdr
最终效果\第 5 章\课后练习\纹样.cdr

图 5-104

### 练习 4　绘制动物宣传标志

运用图形造形、群组图形、取消群组等操作制作如图 5-105 所示的动物宣传标志。

素材文件\第 5 章\课后练习\动物宣传标志\天鹅.cdr、海豚.cdr、狮子.cdr、北极熊.cdr

最终效果\第 5 章\课后练习\动物标志.cdr

图 5-105

### 练习 5　制作"龙须面"面条立体包装效果图

运用矩形工具、贝塞尔工具、文本工具、交互式透明工具、图形对象的镜像、"群组"和"取消群组"命令等操作制作如图 5-106 所示的"龙须面"面条立体包装效果图。

最终效果\第 5 章\课后练习\龙须面.cdr

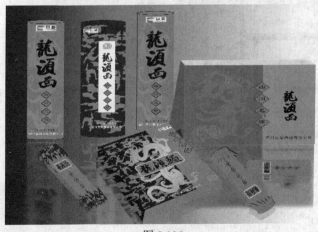

图 5-106

### 练习 6　制作欧式装饰纹样效果

运用贝塞尔工具、多对象的排列与分布、图形的复制与移动、图形的旋转、图形的锁定和群组等操作制作如图 5-107 所示的欧式装饰纹样效果。

 最终效果\第 5 章\课后练习\欧式纹样.cdr

图 5-107

### 练习 7　绘制房屋平面图效果图

运用矩形工具、椭圆工具、贝塞尔工具、形状工具、均匀填充、图样填充、图纸工具、"对齐和分布"命令等操作制作如图 5-108 所示的房屋平面图效果图。

最终效果\第 5 章\课后练习\房屋平面图.cdr

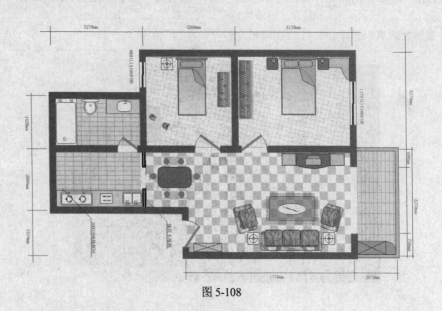

图 5-108

**练习 8　制作画册的内页版式**

运用对齐功能和图形的排列顺序等操作制作如图 5-109 所示的画册内页版式。

素材文件\第 5 章\课后练习\画册内页\礼品 1.jpg、礼品 2.jpg、礼品 3.jpg、礼品 4.jpg…

最终效果\第 5 章\课后练习\画册内页.cdr

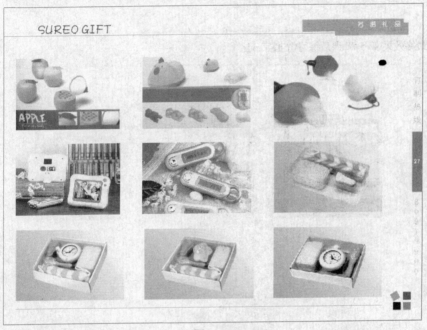

图 5-109

**练习 9　制作标志图形**

运用设置轮廓线颜色、线型以及创建书法笔轮廓等操作制作如图 5-110 所示的标志图形。

图 5-110

最终效果\第 5 章\课后练习\标志图形.cdr

### 练习 10    制作空心字

运用"轮廓笔"对话框、喷泉式填充工具、交互式填充工具等操作制作如图 5-111 所示的空心字。

最终效果\第 5 章\课后练习\空心字.cdr

图 5-111

# 第 6 章
## 输入与编辑文本

文本的输入与编辑是制作图形的重要步骤之一，也是 CorelDRAW X3 的重要功能之一。本章将以 6 个制作实例来介绍输入与编辑文本的方法，主要涉及美术字、段落文本的输入、文本格式的设置、内置文本的使用、文本适合路径的设置等操作。

**本章学习目标：**
- 绘制挂历
- 绘制艺术文字效果
- 制作食品促销 POP 宣传广告
- 绘制书籍封面
- 制作房地产户外广告
- 制作 4 折页画册内页版式

## 6.1　绘制挂历

**实例目标**

利用矩形工具绘制挂历的大体框架，然后输入挂历中的文字，包括星期、月份和日期等，接着用艺术笔工具美化挂历，最后导入位图。最终效果如图 6-1 所示。

素材文件\第 6 章\挂历\冬.jpg

最终效果\第 6 章\挂历.cdr

图 6-1

本例的制作思路如图 6-2 所示，涉及的知识点主要有矩形工具、图纸工具、艺术笔工具的使用、位图的插入、文字的输入与编辑等，其中艺术笔工具的使用以及文字的输入与编辑是本例的重点内容。

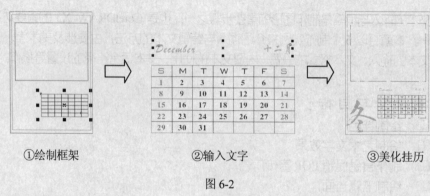

①绘制框架　　　　　　　　②输入文字　　　　　　　　③美化挂历

图 6-2

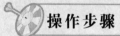

（1）新建一个图形文件并将其保存为"挂历.cdr"。

（2）使用矩形工具在绘图区中绘制月历的大体框架。

（3）利用图纸工具绘制 6 行 7 列的网格图形，如图 6-3 所示。

（4）使用文本工具在绘图区中输入"SMTWTFS"，将其字体设置为"BankGothic Lt BT"。

（5）切换为文本工具，选择文本两端的"S"，单击调色板中的"红"色块，将其填充为红色，如图 6-4 所示。

（6）切换为挑选工具，将文本拖到网格上，使左端的"S"与第 1 个网格居中对齐。

（7）切换为形状工具，用鼠标拖动文本右下角的控制柄调整文本的字间距，使文本的每个字母都与对应的网格居中对齐，如图 6-5 所示。

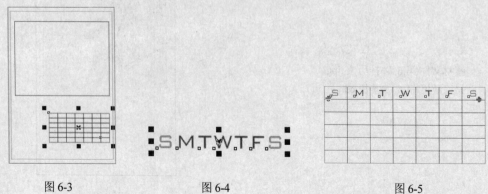

图 6-3　　　　　　　　　图 6-4　　　　　　　　　图 6-5

（8）用相同方法设置如图 6-6 所示的文字，其中字体设置为"方正小标宋简体"，字号为"18"，颜色为红色。

（9）继续用相同的方法输入挂历中的其他数字，中间 5 列数字为黑色，最后一列为红色，效果如图 6-7 所示。

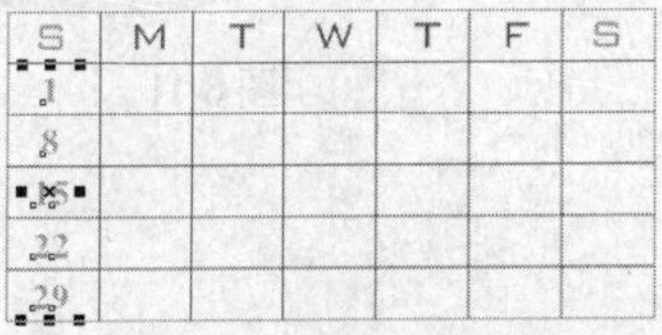

| S | M | T | W | T | F | S |
|---|---|---|---|---|---|---|
| 1 |   |   |   |   |   |   |
| 8 |   |   |   |   |   |   |
|   |   |   |   |   |   |   |
| 22 |   |   |   |   |   |   |
| 29 |   |   |   |   |   |   |

图 6-6

| S | M | T | W | T | F | S |
|---|---|---|---|---|---|---|
| 1 | 2 | 3 | 4 | 5 | 6 | 7 |
| 8 | 9 | 10 | 11 | 12 | 13 | 14 |
| 15 | 16 | 17 | 18 | 19 | 20 | 21 |
| 22 | 23 | 24 | 25 | 26 | 27 | 28 |
| 29 | 30 | 31 |   |   |   |   |

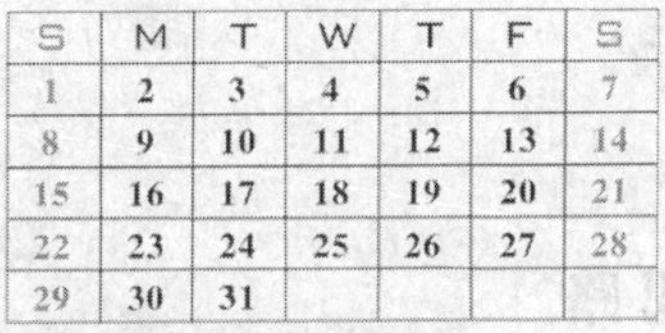

图 6-7

（10）使用文本工具 在网格上方输入挂历的月份，字体设置为"华文行楷"，颜色设置为"50%黑"，如图 6-8 所示。

（11）在挂历左下角输入文字"冬"，切换为挑选工具 将其选择，设置字体为"方正黄草简体"，字号为"100"，颜色为"20%黑"。

（12）选择【排列】/【转换为曲线】命令，将"冬"字转换为曲线图形，然后将其适当放大，效果如图 6-9 所示。

（13）切换为艺术笔工具 ，单击其属性栏中的"喷罐"按钮 ，在"喷涂列表文件列表"下拉列表框 中选择 选项。

（14）使用艺术笔工具 在挂历中绘制出一些雪花图形作为点缀，如图 6-10 所示。

（15）单击属性栏中的"导入"按钮 导入"冬.jpg"图形文件，将其大小调整到与矩形框一致，并移至矩形框上，完成本例操作，最终效果如图 6-1 所示。

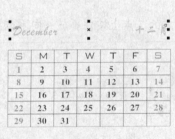

图 6-8

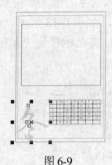

图 6-9

图 6-10

# 6.2　制作艺术文字效果

 **实例目标**

利用文本工具输入并设置文字，然后利用形状工具和挑选工具对文字进行排列，最后利用贝塞尔工具设置艺术字效果。最终效果如图 6-11 所示。

最终效果\第 6 章\艺术字.cdr

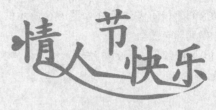

图 6-11

### 制作思路

本例的制作思路如图 6-12 所示，涉及的知识点主要有文本工具、形状工具、贝塞尔工具、去除轮廓、填充工具等，其中文本工具、贝塞尔工具的使用是本例的重点内容。

①输入并设置文字　　　　　②调整文字位置　　　　　③绘制艺术字曲线

图 6-12

### 操作步骤

（1）利用文本工具 字 输入文字"情人节快乐"，将其字体设置为"汉仪中楷简"，字号设置为"72"，填充颜色为红色，如图 6-13 所示。

（2）切换到形状工具 ，将光标移到"人"字左下方的节点上按住不放并向下方拖动，移动其位置，如图 6-14 所示。

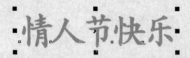
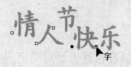

图 6-13 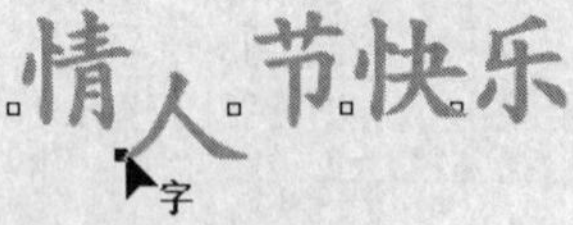　　　　　　　　　　　　图 6-14

（3）按照相同的方法，移动"节"和"快"字的位置，如图 6-15 所示。

（4）选择【排列】/【转换为曲线】命令，将文字转换成曲线。

（5）选择【排列】/【取消全部群组】命令将文字打散，再选择【排列】/【拆分】命令，效果如图 6-16 所示。

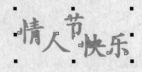

图 6-15　　　　　　　　　　　　图 6-16

（6）切换到挑选工具，将光标移到"情"字左侧按住鼠标不放并向右拖动，使出现的虚线框框住"月"部分内的色块，如图 6-17 所示，然后将其颜色填充为黄色，效果如图 6-18 所示。

图 6-17　　　　　　　　　　　　　　　　　图 6-18

（7）按照相同的方法将"快"字打散，并将其内部的区域填充为黄色，效果如图 6-19 所示。

（8）切换到贝塞尔工具，将光标移到"情"字的下方并单击鼠标，然后绘制如图 6-20 所示的曲线。

（9）继续向右侧移动并单击鼠标，绘制曲线，如图 6-21 所示。

图 6-19　　　　　　　　　图 6-20　　　　　　　　　图 6-21

（10）继续向左侧移动并单击鼠标，绘制封闭的曲线，如图 6-22 所示，按"空格"键切换到挑选工具，然后将图形填充为红色。

（11）切换到形状工具，将光标移到曲线上，选中需要调整位置的节点并拖到所需的位置，调整曲线形状，如图 6-23 所示。

图 6-22　　　　　　　　　　　　　　　　　图 6-23

（12）去除曲线的轮廓线，然后切换为形状工具，将光标移到曲线上，选中具有转角的节点，按"Delete"键将其删除，使曲线更加平滑，如图 6-24 所示。

（13）使用形状工具选中"快"字，再选中其右下角的几个节点，如图 6-25 所示，将其向右拖到与"乐"字相接，如图 6-26 所示。

图 6-24　　　　　　　　　图 6-25　　　　　　　　　图 6-26

（14）使用形状工具，将"人"字的最右端的节点拖到与"快"字相接，如图 6-27 所示，再使用贝塞尔工具结合形状工具，在"情"字左侧绘制一个心形，如图 6-28 所示。

（15）将心形填充为红色，并去除其轮廓线，完成艺术字的制作，最终效果如图 6-11 所示。

图 6-27

图 6-28

# 6.3 制作食品促销 POP 宣传广告

利用文本工具、形状工具等制作广告的文字部分，然后对页面颜色进行填充，最后利用椭圆工具、艺术笔工具等美化广告内容。最终效果如图 6-29 所示。

最终效果\第 6 章\食品促销.cdr

图 6-29

本例的制作思路如图 6-30 所示，涉及的知识点主要有文本工具、贝塞尔工具、艺术笔工具的使用，文字的各种编辑以及图形的排列和组合等，其中文本工具、贝塞尔工具的使用以

及文字的编辑是本例的重点内容。

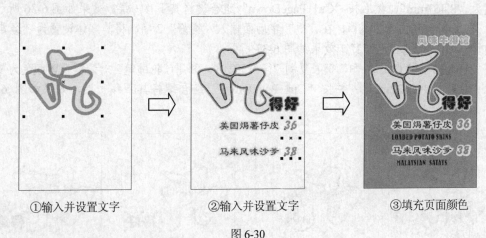

①输入并设置文字　　　　②输入并设置文字　　　　③填充页面颜色

图 6-30

**操作步骤**

## 6.3.1　输入文字

（1）新建一个页面，将其宽度设置为"200"，高度设置为"300"。

（2）切换到文本工具，在新建的页面上输入"吃"字。

（3）切换到挑选工具，选中该字，将其字体设置为"文鼎中特广告体"，字号设置为"300"，效果如图 6-31 所示。

（4）利用调色板将文字颜色填充为黄色，将其轮廓颜色填充为黑色，如图 6-32 所示。

（5）按"Ctrl+Q"组合键将文字转换为曲线，将轮廓线宽度设置为"1.411mm"，旋转角度设置为"16"，效果如图 6-33 所示。

（6）按小键盘上的"+"键，复制一个"吃"字，按"F12"键打开"轮廓笔"对话框，设置颜色为"红色"，宽度为"5.644mm"，效果如图 6-34 所示。

　　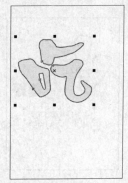　　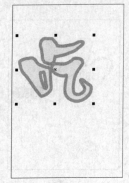

图 6-31　　　　　图 6-32　　　　　图 6-33　　　　　图 6-34

（7）按"Ctrl+PageDown"组合键将其下移一层，如图 6-35 所示。

（8）用相同方法再复制出一个"吃"字，并利用"轮廓笔"对话框设置颜色为"黄色"，宽度为"8.467mm"，然后按"Ctrl+PageDown"组合键将其下移一层，效果如图 6-36 所示。

（9）切换到文本工具，在"吃"字后面输入"得好"2 字，将其字体设置为"经典叠圆体简"，字号设置为"72"，效果如图 6-37 所示。

（10）按小键盘上的"+"键，复制"得好"2 字，利用"轮廓笔"对话框设置颜色为"红色"，宽度为"2.822mm"，并按"Ctrl+PageDown"组合键将其下移一层，效果如图 6-38 所示。

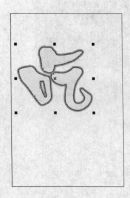 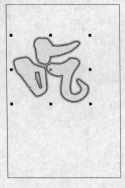  

图 6-35      图 6-36      图 6-37      图 6-38

（11）再复制出"得好"2 字，并利用"轮廓笔"对话框设置颜色为"黄色"，宽度为"5.644mm"，并按"Ctrl+PageDown"组合键将其下移一层，效果如图 6-39 所示。

（12）切换到文本工具，在页面中输入菜名，将其字体设置为"隶书"，字号设置为"50"，效果如图 6-40 所示。

（13）切换到形状工具，用鼠标将左边的调节柄向下拉动，调整文字的行间距。将右边的调节柄向左拉动，减小文字的字间距，然后利用挑选工具将文字向上移动一点，如图 6-41 所示。

（14）按"Ctrl+Q"键将文字转换为曲线，将文字拉长一点，然后按小键盘上的"+"键，复制文字。按"F12"键打开"轮廓笔"对话框，设置颜色为"黄色"，宽度为"5.644mm"，并按"Ctrl+PageDown"组合键将其下移一层，效果如图 6-42 所示。

图 6-39      图 6-40      图 6-41      图 6-42

（15）切换到文本工具，在页面中输入菜价，将其字体设置为"Balloon Xbd BT"，字号设置为"60"，效果如图 6-43 所示。

（16）切换到形状工具 ，用鼠标将左边的调节柄向下拉动，调整文字的行间距，然后利用挑选工具将文字向下移动一点，并将其颜色填充为红色，如图 6-44 所示。

（17）按小键盘上的"+"键，复制文字，利用"轮廓笔"对话框设置颜色为"黄色"，宽度为"5.644mm"，并按"Ctrl+PageDown"组合键将其下移一层，效果如图 6-45 所示。

（18）切换到文本工具 ，在页面中输入菜名的英文，将其字体设置为"Bernhard BdCn BT"，字号设置为"36"。然后切换到形状工具 ，用鼠标将左边的调节柄向下拉动，调整文字的行间距，效果如图 6-46 所示。

图 6-43

图 6-44

图 6-45

图 6-46

（19）切换到文本工具 ，在页面上方输入"风味牛排馆"5 个字，将其字体设置为"经典叠圆体简"，字号设置为"48"，颜色设置为"C: 35; M: 0; Y: 97; K: 0"，效果如图 6-47 所示。

（20）按小键盘上的"+"键，复制文字，利用"轮廓笔"对话框设置颜色为"黄色"，宽度为"2.822mm"。

（21）选择【版面】/【页面背景】命令，在打开的"选项"对话框中将背景颜色设置为"红色"，单击"确定"按钮，效果如图 6-48 所示。

图 6-47

图 6-48

### 6.3.2 绘制装饰图案

（1）利用文本工具输入"吃"字，设置其字体为"幼圆"，字号为"36"，如图 6-49 所示。

（2）切换到椭圆工具，按住"Ctrl"键绘制一个比"吃"字大一点的正圆，再按小键盘上的"+"键复制一个，等比例放大一点。

（3）选中"吃"字和 2 个圆形，按"C"键和"E"键对齐，如图 6-50 所示。

（4）按住"Shift"键的同时选中 2 个圆形，单击工具属性栏上的修剪按钮，并删除中间的小圆。

（5）选中圆形和"吃"字，填充颜色为红色，按"Ctrl+G"组合键群组图形并取消轮廓线，效果如图 6-51 所示。

（6）按小键盘上的"+"键复制一个图形，利用"轮廓笔"对话框设置颜色为"黄色"，宽度为"1.411mm"，并按"Ctrl+PageDown"组合键将其放置于下一层，效果如图 6-52 所示。

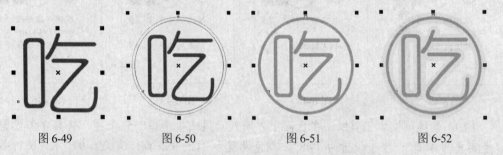

图 6-49      图 6-50      图 6-51      图 6-52

（7）切换到挑选工具，选中该图形，按"Ctrl+G"组合键将其群组，按"+"键复制一个图形，将其移动到如图 6-53 所示的位置。

（8）按住"手绘工具"按钮不放，在其展开的工具条中单击"艺术笔工具"按钮，单击工具属性栏上的"喷罐"按钮，选择喷涂列表中的第 6 种样式，绘制如图 6-54 所示的图案。

图 6-53                       图 6-54

（9）利用矩形工具在页面上绘制一个小矩形，设置其边角圆滑度为"100"，填充为深黄色，并取消轮廓线，如图 6-55 所示。

（10）单击"艺术笔工具"按钮，单击工具属性栏上的"预设"按钮，设置艺术笔工具宽度为"2.0mm"，颜色为"栗色"，在圆角矩形上绘制 4 条线段，并取消轮廓线，如图 6-56 所示。

（11）利用挑选工具选中圆角矩形和线段，按"Ctrl+G"组合键将其群组后，按"Shift+Page Down"组合键放置于最下面一层。

（12）将整个页面的布局进行调整，完成制作，最终效果如图 6-29 所示。

图 6-55

图 6-56

# 6.4　绘制书籍封面

**实例目标**

利用辅助线工具绘制封面框架并填充颜色，然后导入位图并进行设置，最后利用文本工具输入并设置文字。最终效果如图 6-57 所示。

图 6-57

素材文件\第 6 章\书籍封面\卡通 1.cdr、卡通 2.cdr
最终效果\第 6 章\书籍封面.cdr

 **制作思路**

本例的制作思路如图 6-58 所示，涉及的知识点主要有辅助线工具、矩形工具、椭圆工具、文本工具、填充工具、"对齐与分布"命令、图形对象的复制、图形的导入、选项面板的使用等，其中文本工具和辅助线工具的使用是本例的重点内容。

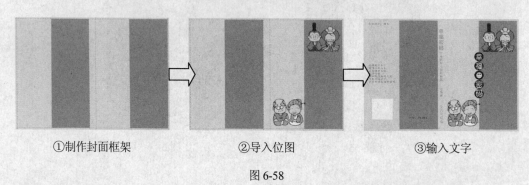

①制作封面框架                    ②导入位图                    ③输入文字

图 6-58

**操作步骤**

## 6.4.1 主体绘制

（1）新建一个页面，设置其宽度为"303"，高度为"215"。

（2）选择【视图】/【辅助线设置】命令，打开"选项"对话框。选择左侧列表框中的"水平"选项，在右侧的文本框内输入"3.000"，然后单击"添加"按钮即可添加一条水平辅助线。按相同方法继续添加其他水平辅助线，如图 6-59 所示。

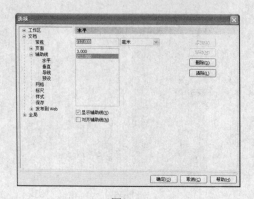

图 6-59

（3）在对话框左侧选择"垂直"选项，添加 4 条垂直辅助线，单击"确定"按钮，如图 6-60 所示，此时页面中添加的辅助线如图 6-61 所示。

图 6-60

（4）选择【版面】/【页面背景】命令，在打开的"选项"对话框中选中 ⊙纯色(S) 单选按钮，单击其右侧的下拉列表框，在打开的下拉列表框中单击"其他"按钮，在打开的"选择颜色"对话框中将背景颜色设置为"C: 0; M: 0; Y: 100; K: 0"。单击"确定"按钮，完成设置。

（5）选择【视图】/【贴齐辅助线】命令，然后利用工具箱中的矩形工具，在书籍正面右侧位置绘制一个矩形图形，将填充色设置为"C: 0; M: 99; Y: 95; K: 0"，并用鼠标右键单击调色板上的无色按钮⊠取消轮廓线。

（6）按"Ctrl+D"组合键再绘制一个，并将其移动到左侧位置，效果如图 6-62 所示。

图 6-61

图 6-62

## 6.4.2　导入图片

（1）选择【文件】/【导入】命令，打开"导入"对话框，在该对话框中选择"卡通 1.cdr"图形文件，单击"导入"按钮，此时光标变为┌形状。在绘图区中单击导入图片，然后将该图片拖动到合适的位置，效果如图 6-63 所示。

（2）按 "Ctrl+U" 组合键取消群组，将图片白色的部分的填充色设置为 "C: 0; M: 99; Y: 95; K: 0"。

（3）用同样的方法导入 "卡通 2.cdr" 图形文件，放置于如图 6-64 所示的位置。

图 6-63                                        图 6-64

## 6.4.3　输入文字

（1）利用椭圆工具 ⬭ 在右侧绘制一个圆形，将其填充色设置为 "C: 0; M: 0; Y: 0; K: 100"，并用鼠标右键单击调色板上的无色按钮⊠取消轮廓线。

（2）选中圆形，将其向下拖动到合适位置时单击鼠标右键，复制出 1 个圆形，再按 "Ctrl+D" 组合键 3 次，如图 6-65 所示。

（3）切换到文本工具⬚，再在工具属性栏上单击⬚按钮，在刚刚绘制的圆形图形上输入 "幸福密码"。

（4）切换到挑选工具⬚，选中文字，将其字体设置为 "文鼎圆立体"，字号设置为 "45"，如图 6-66 所示。

图 6-65                                        图 6-66

（5）在封面背脊位置输入书名、作者及出版社名称，并调整到相应的位置，如图 6-67 所示。

（6）在书籍封底输入本书的说明内容，调整文字的大小与位置。

（7）继续在书籍封底输入封面设计者姓名和书号，并利用矩形工具绘制条形码位置。

（8）用基本形状 🖎 为封面绘制小图形作为装饰，并删除辅助线，如图 6-68 所示。

图 6-67

图 6-68

（9）选择【编辑】/【插入条形码】命令，在打开的"条码向导"对话框中的"从下列行业标准格式中选择一个"下拉列表框中选择"ISBN"选项，在"输入 9 个数字"文本框中随意输入 9 个数字，如图 6-69 所示。

（10）单击"下一步"按钮，在打开的对话框中单击"高级的"按钮，打开"高级选项"对话框，选中 附加 978 Ⓐ 单选按钮，如图 6-70 所示。

（11）单击"确定"按钮，返回"条码向导"对话框，再单击"下一步"按钮，在打开的对话框中单击"完成"按钮。

（12）将生成的条形码放置于封面上条形码位置处，完成书封展开图的制作。

图 6-69

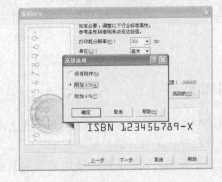
图 6-70

# 6.5 制作房地产户外广告

实例目标

首先导入位图并绘制广告背景，然后利用挑选工具、形状工具等绘制企业标志，最后利用文本工具设置广告的文字内容。最终效果如图 6-71 所示。

素材文件\第 6 章\房地产户外广告\别墅.jpg
最终效果\第 6 章\房地产户外广告.cdr

图 6-71

### 制作思路

本例的制作思路如图 6-72 所示，涉及的知识点主要有矩形工具、椭圆工具、挑选工具、贝塞尔工具、形状工具、调色板、艺术笔工具、文本工具的使用等，其中文本工具、贝塞尔工具、形状工具和艺术笔工具的使用是本例的重点内容。

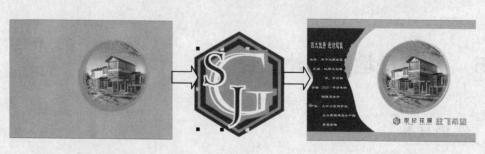

①导入位图并绘制背景　　　　　②绘制标志　　　　　③输入文字

图 6-72

## 6.5.1 创建广告背景

（1）新建一个页面，设置其宽度为"1000"，高度为"700"。

（2）选择【文件】/【导入】命令，在打开的"导入"对话框中选择"别墅.jpg"图形文件，单击"导入"按钮，将设备光标移到绘图页面中。

（3）单击鼠标，将图片放置在页面上，如图 6-73 所示。

（4）利用椭圆工具 绘制一个直径和导入图片高度相似的正圆，并放置于图片中心处，效果如图 6-74 所示。

图 6-73

图 6-74

（5）切换到挑选工具 ，选中导入的图片，选择【效果】/【图框精确剪裁】/【放置在容器中】命令。此时光标变为 形状，单击绘制的正圆，图片便按照正圆的大小被剪裁成圆形。用鼠标右键单击调色板上的无色按钮 ，取消轮廓线，效果如图 6-75 所示。

（6）按住"手绘工具"按钮 不放，从其展开的工具条中单击"艺术笔工具"按钮 ，再单击工具属性栏上的"笔刷"按钮 ，将艺术笔宽度设置为"60"，选择笔触列表中的最后一种样式，沿着图片边缘绘制一个圆形，效果如图 6-76 所示。

图 6-75

图 6-76

（7）双击"挑选工具"按钮 ↳，选中当前页面中的全部图形，按"Ctrl+G"组合键将其群组。

（8）双击"矩形工具"按钮 ▭，绘制一个和页面大小相同的矩形，将其填充为酒绿色，效果如图 6-77 所示。

（9）绘制一个矩形，设置其高度为"600"，宽度为"1000"，填充色为"白色"。再切换到挑选工具 ↳，按住"Shift"键选中 2 个矩形，按"C"键和"E"键使其对齐，效果如图 6-78 所示。

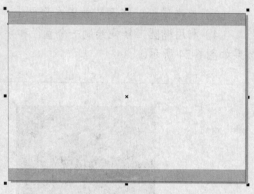

图 6-77                              图 6-78

（10）按住"Shift"键单击酒绿色矩形和白色矩形，将其同时选中，按"Shift+PageDown"组合键将矩形放置于最下层，并用鼠标右键单击调色板上的无色按钮⊠取消轮廓线，效果如图 6-79 所示。

（11）切换到贝塞尔工具 ✎，在矩形左侧绘制一个封闭的图形，并用形状工具调整为如图 6-80 所示的形状。

图 6-79                              图 6-80

（12）将图形填充为黑色，并取消轮廓线，如图 6-81 所示。

（13）按小键盘上的"+"键复制出一个黑色图形，单击工具属性栏上的 ⤢ 按钮，将其垂直镜像，并填充为酒绿色。然后按"Ctrl+PageDown"组合键将其放置于黑色图形的下方，效果如图 6-82 所示。

图 6-81　　　　　　　　　　　　　图 6-82

## 6.5.2　绘制企业标志

（1）利用多边形工具 ，在工具属性栏上多边形上的点数数值框中输入 "6"。按住 "Ctrl" 键在绘图区中拖动鼠标绘制出一个正六边形，如图 6-83 所示。

（2）选择绘制的正六边形，将光标移至四角控制柄的任意一个点上，当光标变为 ↗ 或 ↖ 形状时，按住 "Shift" 键，再按住鼠标左键向六边形中心拖动至合适位置，在保持鼠标左键不放的情况下单击鼠标右键，即可复制出一个缩小的同心六边形。

（3）再重复 2 次，一共复制出 3 个六边形，如图 6-84 所示。

（4）从最下层的六边形开始，依次填充为蓝色、青色、蓝色和青色，并取消其轮廓线，如图 6-85 所示。

（5）选中全部六边形，按 "Ctrl+G" 组合键将其群组。

（6）切换到文本工具 ☜，输入 "G" 字。然后切换到挑选工具 ▷，在工具属性栏上设置 "G" 字的字体为 "Castellar"，字号为 "200"，填充色为 "白色"，如图 6-86 所示。

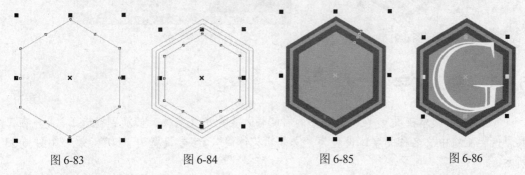

图 6-83　　　　图 6-84　　　　图 6-85　　　　图 6-86

（7）按小键盘上的 "+" 键，复制出一个 "G" 字。按 "F12" 键打开 "轮廓笔" 对话框，设置轮廓线宽度为 "5.644mm"，颜色为洋红色。单击 "确定" 按钮应用设置，效果 6-87 所示。

（8）按 "Ctrl+PageDown" 组合键将其放置于白色字下层，效果如图 6-88 所示。

（9）选中全部文字和六边形，按 "Ctrl+G" 组合键将其群组。

（10）利用文本工具 ✍ 输入 "SJ" 2 个字。然后切换到挑选工具 ▷，在工具属性栏上设置字体为 "Arrus BT"，字号为 "100"。

（11）切换到形状工具 ◈，再单击 "J" 字左下角出现的节点，在工具属性栏上设置垂直位移为 "−77"，效果如图 6-89 所示。

（12）切换到挑选工具 ▷，按小键盘上的 "+" 键，在原位复制文字。然后利用 "轮廓笔" 对话框设置轮廓线宽度为 "2.822mm"，颜色为白色，效果如图 6-90 所示。

图 6-87 　　　　　　图 6-88 　　　　　　图 6-89 　　　　　　图 6-90

（13）按 "Ctrl+PageDown" 组合键将其放置于黑色字下层，再同时选中原文字和复制的文字，按 "Ctrl+G" 组合键将其群组，并调整其位置，效果如图 6-91 所示。

（14）选中整个标志图形，按 "Ctrl+G" 组合键将其群组。

（15）将标志图形放置在页面适当的位置，如图 6-92 所示。

 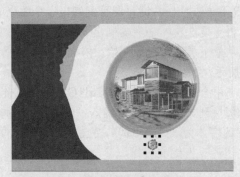

图 6-91 　　　　　　　　　　　　　　　图 6-92

### 6.5.3　输入文字

（1）利用文本工具 ✍ 在标志图形的右侧输入企业中文名称，切换到挑选工具 ▷，在工具属性栏上将中文名称的字体设置为 "文鼎新艺体简"，字号设置为 "80"，效果如图 6-93 所示。

（2）切换到形状工具 ◈，拖动文字右下方的调节柄，调整其字间距。

（3）使用文本工具 ✍ 在企业中文名称下面输入英文名称，在工具属性栏上将其字体设置为 "ArnoldBoeD"，字号设置为 "40"。切换为形状工具，拖动文字右下方的调节柄，调整其字间距。

（4）切换到挑选工具 ▷，同时选中企业中英文名称，按 "Ctrl+G" 组合键将其群组，效果如图 6-94 所示。

图 6-93                    图 6-94

（5）利用文本工具 在企业名称右方输入标语，再单击工具箱中的"挑选工具"按钮 ，在工具属性栏上将中文名称的字体设置为"文鼎新艺体简"，字号设置为"120"，填充色设置为"洋红色"，效果如图 6-95 所示。

图 6-95

（6）使用文本工具 在页面左侧输入标语，在工具属性栏上将字体设置为"隶书"，字号设置为"50"，并使用挑选工具，拖动文字上方和两边的控制柄，将文字拉高拉宽，效果如图 6-96 所示。

图 6-96

（7）使用文本工具 在标语下方输入广告语，在其工具属性栏上将字体设置为"隶书"，字号设置为"60"，填充色设置为"白色"。再使用形状工具 单击广告语，将左下角出现的调节柄向下拖动，再拖动文字左下角出现的节点调节文字位置，如图 6-97 所示。

图 6-97

（8）使用文本工具 在页面下方输入开发商和承建商的信息，在其工具属性栏上将字体设置为"幼圆",字号设置为"50",填充色设置为"白色",效果如图 6-98 所示。

开发商：世纪城市房地产开发有限公司　　　　承建商:中铁二局

图 6-98

（9）按小键盘上的"+"键，在原位复制出文字。利用"轮廓笔"对话框设置轮廓线宽度为"2.822mm"，颜色为"洋红色"，再按"Ctrl+PageDown"组合键将其放置于白色字的下一层，如图 6-99 所示。

（10）调整图中各部分的位置，完成制作，最终效果如图 6-71 所示。

开发商：世纪城市房地产开发有限公司　　　　承建商:中铁二局

图 6-99

# 6.6　制作 4 折页画册内页版式

## 实例目标

首先利用贝塞尔工具等绘制蔬菜图形，然后利用文本工具输入并设置文字内容，最后对整个版式进行图文混排设置。最终效果如图 6-100 所示。

最终效果\第 6 章\杂志版式设计.cdr

图 6-100

制作思路

本例的制作思路如图 6-101 所示，涉及的知识点主要有缩放对象、输入段落文本、添加文本效果、设置文本格式、使用贝塞尔工具绘制线条等，其中文本工具和贝塞尔工具的使用是本例的重点。

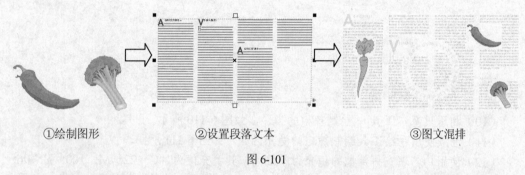

①绘制图形　　　　　　　②设置段落文本　　　　　　　③图文混排

图 6-101

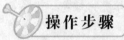操作步骤

## 6.6.1　绘制基本图形

（1）新建一个图形文件，设置其页面方向为横向。

（2）利用椭圆工具 ◯ 绘制一个椭圆，如图 6-102 所示。

（3）选择【排列】/【转换为曲线】命令，将椭圆转换为曲线，切换到形状工具 ⬚，编辑椭圆节点，效果如图 6-103 所示。

（4）将椭圆外形编辑为胡萝卜的形状，如图 6-104 所示。

图 6-102　　　　　　　　图 6-103　　　　　　　　图 6-104

（5）将胡萝卜的形状填充为桔色，如图 6-105 所示。

（6）利用钢笔工具 ✎ 绘制胡萝卜叶子的形状，如图 6-106 所示。

（7）将胡萝卜叶子的形状填充为绿色，如图 6-107 所示。

（8）将胡萝卜和胡萝卜叶子组合起来，再绘制胡萝卜的一些细节线条，效果如图 6-108 所示。

（9）使用贝塞尔工具 ✐ 在绘图页面中绘制辣椒的形状，如图 6-109 所示。

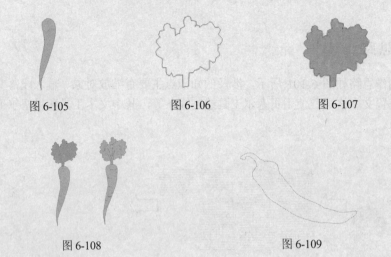

图 6-105          图 6-106          图 6-107

图 6-108                          图 6-109

（10）利用贝塞尔工具 绘制辣椒的投影，如图 6-110 所示。

（11）继续使用手绘工具绘制辣椒的受光区域，如图 6-111 所示。

（12）使用均匀填充将辣椒的填充为深红色，其填充值为 "C: 22; M: 100; Y: 96; K: 0"。再将辣椒的受光区域填充为红色，如图 6-112 所示。将辣椒柄填充为绿色，效果如图 6-113 所示。

图 6-110          图 6-111          图 6-112          图 6-113

（13）将辣椒投影填充为黑色，效果如图 6-114 所示。参照绘制和填充辣椒的方法再制作一颗花菜，效果如图 6-115 所示。

图 6-114                    图 6-115

## 6.6.2　段落文本的创建和设置

（1）利用文本工具 在页面中需要输入文字的位置单击并按住鼠标不放，向对角方向拖动鼠标，出现一个矩形文本框。

（2）单击工具属性栏中的 按钮，打开 "编辑文本" 对话框，输入文本，单击 "确定" 按钮，如图 6-116 所示。

（3）单击工具属性栏中 "文本格式" 按钮 或按 "Ctrl+T" 组合键，打开 "格式化文本"

对话框，在"字符"选项卡下进行文字属性的设置，如图 6-117 所示。

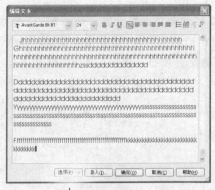
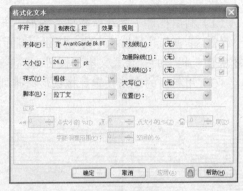

图 6-116　　　　　　　　　　　　　　　　图 6-117

（4）单击"段落"选项卡，在其中设置文字段落，如图 6-118 所示。

（5）单击"效果"选项卡，在其中设置文字效果，如图 6-119 所示。

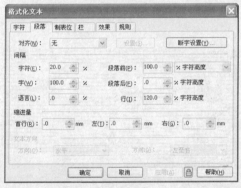

图 6-118　　　　　　　　　　　　　　　　图 6-119

（6）单击"栏"选项卡，在其中设置栏数，单击"确定"按钮，如图 6-120 所示。

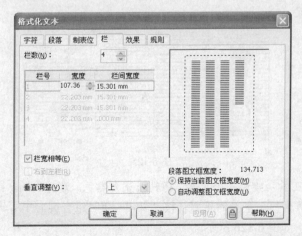

图 6-120

### 6.6.3  图文并排的制作

（1）利用挑选工具选择胡萝卜图形，并将其移动到文本的上方，如图 6-121 所示。

（2）单击工具属性栏中的▣按钮，打开如图 6-122 所示的"段落文本换行"面板，单击"轮廓图"栏下的"跨式文本"按钮▣，单击"确定"按钮，效果如图 6-123 所示。

（3）用相同的方法设置辣椒图形的排列方式，如图 6-124 所示。

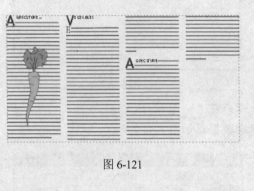

图 6-121                              图 6-122

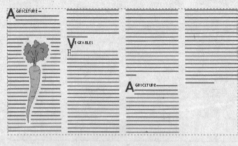

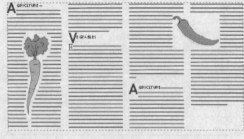

图 6-123                              图 6-124

（4）继续按照上述方法设置花菜图形的排列方式，如图 6-125 所示。

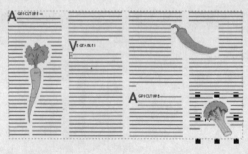

图 6-125

（5）利用椭圆工具 ◌ 绘制一个正圆，将其填充为黑色。选择正圆，再按小键盘上的"+"键复制出与原图形等大的、重叠的正圆。按"Shift+Alt"组合键向中心进行拖动缩小，将同心正圆填充为灰色，如图 6-126 所示。

（6）使用挑选工具选中两个正圆，使其处于选择状态，单击工具属性栏中修剪按钮▣，效果如图 6-127 所示。

（7）利用文本工具 ✍ 输入文字，用挑选工具将文本对象选中，选择【文本】/【使文本适配路径】命令，单击正圆，效果如图 6-128 所示。

图 6-126　　　　　　　　图 6-127　　　　　　　　图 6-128

（8）选择【排列】/【拆分】命令，将文本和路径分离。

（9）利用挑选工具选中文本，再按键盘上的"Shift+Alt"组合键向中心进行拖动，将文本沿圆心变小，适合制作的圆环，如图 6-129 所示。

（10）将文本和圆环群组在一起，并将其移动到文本的上方，设置其排列方式，效果如图 6-130 所示。

图 6-129　　　　　　　　　　　　　图 6-130

（11）选择所有图形，群组在一起，选择【排列】/【转换为曲线】命令，将图形转换为曲线，用挑选工具选择所有图形，单击工具属性栏中的"取消群组"按钮 🔲，填充文字色彩，效果如图 6-131 所示。

（12）使用矩形工具绘制一个矩形，设置其填充值为"C: 60; M: 0; Y: 40; K: 40"，并去除其轮廓线，如图 6-132 所示。

图 6-131　　　　　　　　　　　　　图 6-132

（13）在深绿色的上方再绘制一个矩形，将其填充值设置为"C: 20; M: 0; Y: 20;

K: 20",完成本例的制作,最终效果如图 6-100 所示。

# 6.7　课后练习

根据本章所学内容,动手完成以下实例的制作。

### 练习 1　绘制茶社图形

运用矩形工具、位图导入、"造形"命令、文本工具等操作制作如图 6-133 所示的茶社图形。

素材文件\第 6 章\课后练习\茶社\1.jpg、2.jpg、3.jpg、4.jpg
最终效果\第 6 章\课后练习\茶社.cdr

图 6-133

### 练习 2　绘制公司标志

运用文本工具、贝塞尔工具、形状工具等制作如图 6-134 所示的公司标志。

最终效果\第 6 章\课后练习\标志.cdr

图 6-134

### 练习 3　制作手机广告

运用文本工具、挑选工具、形状工具、贝塞尔工具、"转换为曲线"命令、"拆分"命令、设置填充色和轮廓色等操作制作如图 6-135 所示的手机广告（可导入已有的手机素材）。

最终效果\第 6 章\课后练习\艺术字.cdr

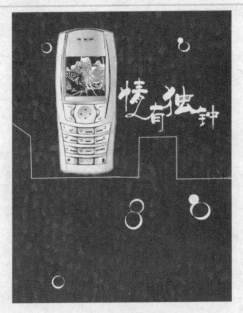

图 6-135

### 练习 4　制作网络广告

运用文本工具、挑选工具、形状工具、贝塞尔工具、"转换为曲线"命令、"拆分"菜单命令、设置填充色和轮廓色等操作制作如图 6-136 所示的网络广告。

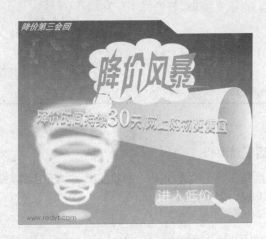

图 6-136

最终效果\第 6 章\课后练习\网络广告.cdr

### 练习 5　制作情人节宣传海报

运用挑选工具、文本工具、形状工具、矩形工具、填充工具、艺术笔工具、调色板等制作如图 6-137 所示的情人节宣传海报。

素材文件\第 6 章\课后练习\烛光晚餐\烛台.cdr
最终效果\第 6 章\课后练习\烛光晚餐.cdr

图 6-137

### 练习 6　绘制火锅店促销海报

运用贝塞尔工具、挑选工具、文本工具、形状工具、填充工具、艺术笔工具、调色板等制作如图 6-138 所示的火锅店促销海报。

最终效果\第 6 章\课后练习\食品促销.cdr

图 6-138

**练习7　制作宣传册封面**

运用辅助线、矩形工具、椭圆工具、文本工具、填充工具、"对齐与分布"命令、图形对象的复制和图形的导入等操作制作如图 6-139 所示的宣传册封面。

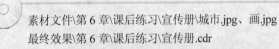

素材文件\第 6 章\课后练习\宣传册\城市.jpg、画.jpg

最终效果\第 6 章\课后练习\宣传册.cdr

图 6-139

### 练习 8　制作房地产广告效果

运用矩形工具、椭圆工具、挑选工具、贝塞尔工具、形状工具、调色板、艺术笔工具、文本工具、位图的导入等操作制作如图 6-140 所示的房地产广告效果。

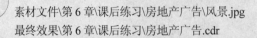

素材文件\第 6 章\课后练习\房地产广告\风景.jpg
最终效果\第 6 章\课后练习\房地产广告.cdr

图 6-140

### 练习 9　制作沐浴露广告效果

运用矩形工具、交互式透明工具、椭圆工具、挑选工具、贝塞尔工具、形状工具、调色板、艺术笔工具、文本工具、位图的导入等操作制作如图 6-141 所示的沐浴露广告效果。

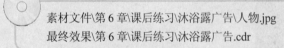

素材文件\第 6 章\课后练习\沐浴露广告\人物.jpg
最终效果\第 6 章\课后练习\沐浴露广告.cdr

### 练习 10　制作版式设计效果

运用缩放对象、输入段落文本、添加文本效果、设置文本格式和使用贝塞尔工具绘制线条等操作制作如图 6-142 所示的版式设计效果。

最终效果\第 6 章\课后练习\版式设计.cdr

图 6-141

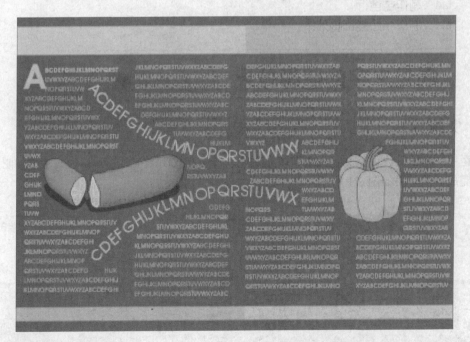

图 6-142

# 第 7 章
## 设置矢量图的特殊效果

设置矢量图特殊效果的常用操作包括：交互式调和工具、交互式轮廓图工具、交互式变形工具、交互式封套工具、交互式阴影工具、交互式立体化工具、交互式透明工具的使用以及透镜效果等。本章将以 7 个制作实例来介绍 CorelDRAW X3 中设置矢量图的特殊效果的相关操作。

### 本章学习目标：
- 📖 创建文字的阴影效果
- 📖 绘制一组水晶按钮
- 📖 制作透明水珠按钮
- 📖 制作放射字文字特殊效果
- 📖 绘制中国水墨画风格挂历
- 📖 制作琵琶行
- 📖 制作手绘装饰画效果

## 7.1 创建文字的阴影效果

### 实例目标

运用文本工具、调整文字大小、填充颜色以及交互式阴影工具等知识为文字添加阴影效果，完成后的效果如图 7-1 所示。

最终效果\第 7 章\文字的阴影效果.cdr

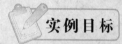

图 7-1

### 制作思路

本例的制作思路如图 7-2 所示，涉及的知识点有文字工具、挑选工具、交互式阴影工等知识，其中交互式阴影工具的使用是本例的重点内容。

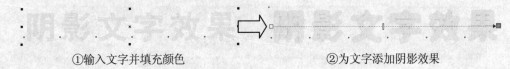

①输入文字并填充颜色　　　　　　　　　　　②为文字添加阴影效果

图 7-2

### 操作步骤

（1）单击工具箱中的"文本工具"按钮，在页面上单击一下，输入文字，再单击工具箱中的"挑选工具"按钮，在属性栏上将文字字体设置为"汉仪粗黑简"，再按"Enter"键，如图 7-3 所示。

（2）选中文字，按"Shift"键的同时，将光标移至文字的任意角，再向外拖动鼠标，即可将文字等比例放大，如图 7-4 所示。

**阴影文字效果**　　　　　　　**阴影文字效果**

图 7-3 　　　　　　　　　　　　　　　图 7-4

（3）选中文字，在调色板上单击黄色色块，将文字填充为黄色。

（4）单击工具箱中的"交互式调和工具"按钮，在其展开式的工具栏单击"交互式阴影工具"按钮，按"Ctrl"键，在文字的左边缘向其右边缘水平拉动鼠标，当阴影框拉至文字右边缘时，放开鼠标，效果如图 7-5 所示。

（5）选中文字，在其属性栏上对"阴影的不透明"和"阴影羽化"项进行适当的调整，并在颜色下拉列表中选中红色，按"Enter"键，效果如图 7-6 所示。

图 7-5　　　　　　　　　　　　　　　图 7-6

（6）选中文字，单击鼠标右键，在弹出的快捷菜单中选择"拆分阴影群组"命令。

（7）选中阴影，按数字小键盘上的"+"键，将阴影复制，即可完成本例的制作。

## 7.2　绘制一组水晶按钮

### 实例目标

利用矩形工具、交互式调和工具和交互式阴影工具制作一组水晶按钮，最终效果如图 7-7

所示。

最终效果\第 7 章\水晶按钮.cdr

图 7-7

**制作思路**

本例的制作思路如图 7-8 所示，涉及的知识点有矩形工具、形状工具、文字工具、交互式调和工具、交互式阴影工具的使用等操作，其中交互式调和工具和交互式阴影工具的使用是本例的重点内容。

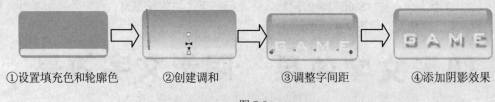

①设置填充色和轮廓色　②创建调和　③调整字间距　④添加阴影效果

图 7-8

**操作步骤**

（1）新建一个图形文件，保存为"水晶按钮.cdr"。

（2）使用矩形工具在绘图区中绘制两个矩形，尺寸分别为"20mm×10mm"和"18mm×1.4mm"，并按如图 7-9 所示的位置进行放置。

（3）切换为形状工具，拖动矩形四周的任意一个节点，圆角化矩形。

（4）将较大的矩形填充为橘红色，轮廓为无色，较小的矩形填充为浅黄色，轮廓为无色，效果如图 7-10 所示。

（5）单击工具箱中的"交互式调和工具"按钮，将光标移到较小的矩形上。按住鼠标左键不放拖动到较大的矩形上，当出现蓝色虚线框时松开鼠标，完成直线调和的创建，如图 7-11 所示。

图 7-9　　　　　　图 7-10　　　　　　图 7-11

（6）切换到矩形工具，在按钮的上部绘制一个矩形，圆角化矩形后将其填充为白色，轮廓为无色，如图 7-12 所示。

（7）按住工具箱中的"交互式调和工具"按钮█不放，在展开的工具栏██████████中单击"交互式透明工具"按钮█，切换为交互式透明工具。

（8）将光标移到绘制的白色圆角矩形上方，光标变为█形状，按住鼠标左键不放向下拖动到适当位置，释放鼠标，效果如图 7-13 所示。

（9）切换到文本工具█，输入文本 "GAME"，将其字体设置为 "BankGothic Md BT"，字号设置为 "10"，填充为白色，并移到如图 7-14 所示位置。

图 7-12                          图 7-13                          图 7-14

（10）切换到形状工具█，将光标移到文本右下角的控制柄█上，按住左键不放向右拖动调整文字间距到合适位置，松开鼠标，效果如图 7-15 所示。

（11）按住工具箱中的"交互式调和工具"按钮█不放，在展开的工具栏██████████中单击"交互式阴影工具"按钮█，切换为交互式阴影工具。

（12）将光标移到文本上，按住左键不放向右下方拖动，为该文本添加阴影效果，如图 7-16 所示。

（13）使用同样的方法绘制各种不同颜色的水晶按钮，最终效果如图 7-7 所示。

图 7-15                                       图 7-16

# 7.3    制作透明水珠按钮

**实例目标**

先利用椭圆工具绘制一个圆形，填充适当的颜色后去除其轮廓线，然后使用交互式调和工具调和图形对象，再通过椭圆工具和交互式透明工具制作出一个具有半透明效果的圆形，最后输入文字即可，最终效果如图 7-17 所示。

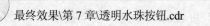
最终效果\第 7 章\透明水珠按钮.cdr

图 7-17

**制作思路**

本例的制作思路如图 7-18 所示，涉及的知识点有文本工具、3 点椭圆形工具、挑选工具、复制图形对象、交互式透明工具等操作，其中交互式透明工具和交互式阴影工具的使用是本例的重点内容。

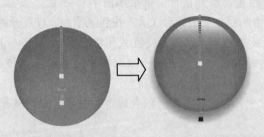

①创建交互式调和　　　　　②创建交互式阴影效果

图 7-18

**操作步骤**

（1）新建一个图形文件，按住工具箱中的"椭圆工具"按钮◎不放，在展开的工具条中单击"3 点椭圆形工具"按钮，在绘图区拉出一条直线确定椭圆的长度。再移动鼠标确定椭圆的大小，单击左键绘制出一个圆形，如图 7-19 所示。

（2）按"空格"键切换为选择状态，按住工具箱中的"填充工具"按钮◎不放，在展开工具条上单击"填充对话框"按钮，打开"均匀填充"对话框，在该对话框中将颜色设置为"C: 95; Y: 31; M: 0; K: 0"，然后单击"确定"按钮。

（3）用鼠标右键单击调色板上的无色按钮☒，去除圆形的轮廓线。

（4）按小键盘上的"+"键复制圆形，按照步骤（2）的方法再次打开"均匀填充"对话框，在该对话框中将颜色设置为"C: 65; Y: 2; M: 2; K: 0"，然后将复制的圆形缩小，再将它移至如图 7-20 所示的位置。

（5）单击工具箱中的"交互式调和工具"按钮，将光标移至被缩小的圆形处，按住鼠标左键不放并拖至最初绘制的圆形处，如图 7-21 所示。释放鼠标，效果如图 7-22

所示。

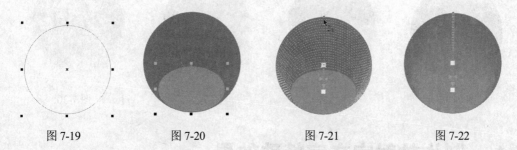

图 7-19　　　　　　图 7-20　　　　　　图 7-21　　　　　　图 7-22

（6）单击工具箱中的"3 点椭圆形工具"按钮，在绘图区绘制大小比步骤（1）所绘制的略小的圆形，放置于如图 7-23 所示位置，单击工具属性栏上的 按钮将圆形转换为曲线。

（7）单击工具箱中的"形状工具"按钮，把最下面的节点拉上来，效果如图 7-24 所示。

（8）按"F11"键打开"渐变填充"对话框，设置从青色到白色的线性渐变，将角度设为"90"，单击"确定"按钮，效果如图 7-25 所示。

（9）用鼠标右键单击调色板上的无色按钮，取消轮廓线。

（10）按住工具箱中的"交互式调和工具"按钮不放，在其展开的工具条中单击"交互式透明工具"按钮，为该渐变添加透明效果，如图 7-26 所示。

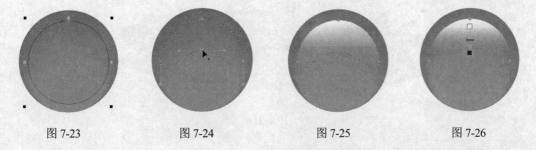

图 7-23　　　　　　图 7-24　　　　　　图 7-25　　　　　　图 7-26

（11）单击"挑选工具"按钮，选中透明图形和调和图形并向上移动，调整后如图 7-27 所示。

（12）双击"挑选工具"按钮，选中全部图形，按"Ctrl+G"组合键将其群组。

（13）按住工具箱中的"交互式透明工具"按钮不放，在其展开的工具条中单击"交互式阴影工具"按钮，从圆形中心向下拖动出阴影效果，如图 7-28 所示。

（14）单击工具箱中的"文本工具"按钮，在图形中输入"按钮"，如图 7-29 所示。

（15）单击工具箱中的"挑选工具"按钮，将文字输入状态改为选择状态，在工具属性栏上设置字体为"文鼎 CS 长美黑"，字号为"72"，将文字移至圆形中心位置，如图 7-30 所示。

（16）单击工具箱中的"交互式阴影工具"按钮，为文字添加阴影效果，制作完成，最终效果如图 7-17 所示。

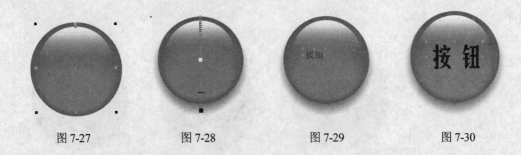

图 7-27          图 7-28          图 7-29          图 7-30

# 7.4 制作放射字文字特殊效果

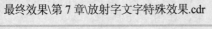
**实例目标**

　　先利用文本工具输入文字，并设置其字体和字号等参数。绘制一个椭圆，然后通过"使文本适合路径"命令使文本适合椭圆路径，拆分路径后，复制文字并将其缩小，再利用交互式调和工具对两个大小不同的文字对象进行调和，最后填充合适的颜色即可。制作完成后的效果如图 7-31 所示。

　　最终效果\第 7 章\放射字文字特殊效果.cdr

图 7-31

**制作思路**

　　本例的制作思路如图 7-32 所示，涉及的知识点有文本工具、挑选工具、椭圆工具、"使文本适合路径"命令、"拆分路径"命令、"简单线框"命令、"增强"命令、交互式调和工具等。其中交互式调和工具的使用是本例的重点内容。

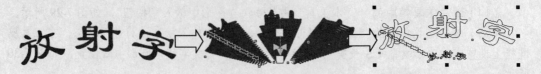

①拆分图形对象　　　　　②创建交互式调和效果　　　　③运用"简单线框"命令效果

图 7-32

**操作步骤**

（1）在 CorelDRAW X3 中新建一个图形文件。单击工具箱中的"文本工具"按钮，然后将光标移至绘图区，光标变为形状。单击鼠标左键，在闪动的光标处输入文字"放射字"，如图 7-33 所示。

（2）单击工具箱中的"挑选工具"按钮，将文字从输入状态切换为选择状态，在工具属性栏上的将其字体设置为"隶书"，字号设置为"72"。

（3）单击"椭圆工具"按钮，在绘图区拖动鼠标绘制出一个椭圆，如图 7-34 所示。

（4）单击工具箱中的"挑选工具"按钮，选择文字"放射字"，将光标移至文字上方，按住鼠标右键不放拖至椭圆边框处，当光标变为形状时，释放鼠标右键。在弹出的快捷菜单中选择"使文本适合路径"命令，如图 7-35 所示，文字将自动被放置在了椭圆对象的上方。

| 图 7-33 | 图 7-34 | 图 7-35 |

（5）用挑选工具框选文字和椭圆对象，选择【排列】/【拆分】命令，拆分两个对象，在空白处单击鼠标取消选择，选择椭圆，按"Delete"键删除。文字效果如图 7-36 所示。

（6）选择文字，按小键盘上的"+"键进行原位复制，将光标移至四角上，当光标变为或形状时，按住"Shift"键，用鼠标左键向中心拖动，当缩小至合适大小时松开鼠标，使复制的文本向中心缩小。

（7）按住"Ctrl"键，将缩小的文字向下垂直移动一些距离，如图 7-37 所示。

（8）单击工具箱中的"交互式调和工具"按钮，光标变为形状，将光标移至较大的文字上，按下鼠标左键不放，拖动至较小的文字上，释放鼠标，效果如图 7-38 所示。

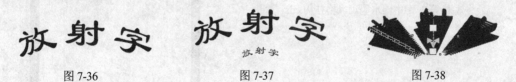

| 图 7-36 | 图 7-37 | 图 7-38 |

（9）单击工具箱中的"挑选工具"按钮，选择【视图】/【简单线框】命令，得到的效果如图 7-39 所示。选择较小的文字，单击调色板上的白色颜色框将文字填充为白色。

（10）选择【视图】/【增强】命令，回到增强显示模式下。

（11）单击工具箱中的"缩放工具"按钮，放大显示，可以看到对象是由前向后进行调和的，这并不符合本例的要求。按"F3"键缩小一级显示，确定较小的文字被选择，选择

【排列】/【顺序】/【到页面后面】命令，将文字置于最底层。

（12）单击选择最大的文字，单击调色板上的红色颜色框将文字填充为红色，得到的效果如图 7-40 所示。

图 7-39                              图 7-40

（13）用鼠标右键单击调色板上的白色颜色框，为文字添加白色轮廓。

（14）放大对象观看，发现该调和对象效果不太好，这时可以在调和对象中部任意位置处单击，选中调和对象，可以看到此时工具属性栏中步长栏  数值框中的数值是 20（这是 CorelDRAW X3 的默认值），在该数值框中重新输入"50"后，按"Enter"键。调和步数光滑了很多，制作完成，文字的最终效果如图 7-31 所示。

# 7.5    绘制中国水墨画风格挂历

**实例目标**

利用贝塞尔工具和椭圆工具等绘制花瓣，并使用交互式阴影工具和交互式透明工具等为其填充颜色，然后再绘制荷花的茎和涟漪，最后利用矩形工具和渐变填充绘制背景图，制作完成后的最终效果如图 7-41 所示。

 最终效果\第 7 章\中国水墨画风格挂历.cdr

图 7-41

制作思路

本例的制作思路如图 7-42 所示，涉及的知识点有椭圆工具、贝塞尔工具、挑选工具、艺术笔工具、交互式阴影工具、交互式透明工具、"拆分"命令等，其中交互式填充工具的使用是本例的重点内容。

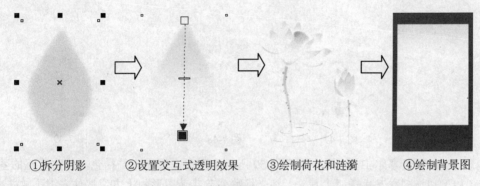

①拆分阴影　　②设置交互式透明效果　　③绘制荷花和涟漪　　④绘制背景图

图 7-42

操作步骤

（1）新建一个图形文件，将其保存为"挂历.cdr"。

（2）绘制挂历中主体荷花的花瓣图形，使用贝赛尔工具 绘制一个花瓣形的封闭曲线，并且将其填充为浅蓝光紫色，如图 7-43 所示。

（3）切换到挑选工具 选择花瓣图形，按住工具箱中的"交互式调和工具"按钮 不放，在展开的工具栏 中单击"交互式阴影工具"按钮 。

（4）将光标移到花瓣图形上，按住鼠标左键不放并向图形右侧拖动，为该图形创建阴影，如图 7-44 所示。

（5）在属性栏的"阴影的不透明" 数值框中输入"70"，在"阴影颜色"下拉列表框 中单击"浅蓝光紫"色块 ，效果如图 7-45 所示。

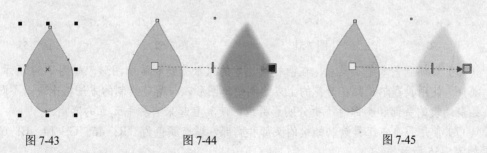

图 7-43　　　　　　　　　　图 7-44　　　　　　　　　　图 7-45

（6）选择【排列】/【拆分】命令，将花瓣图形与阴影分离后，选择花瓣图形，按"Delete"键将其删除，如图 7-46 所示。

（7）按住工具箱中的"交互式阴影工具"按钮 不放，在展开的工具栏中单击"交互式透明工具"按钮，切换到交互式透明工具。

（8）将光标移到花瓣阴影图形的上方，按住左键不放向下拖动到合适的位置后松开鼠标，为该图形创建线性渐变透明效果，如图 7-47 所示。

（9）切换为贝赛尔工具，绘制一个细三角形并填充为"浅蓝光紫"色，作为花瓣的轮廓线。复制两条轮廓线按如图 7-48 所示的位置排列作为花瓣的脉络和另一条轮廓线。

（10）绘制荷花其他花瓣的方法基本相同，效果如图 7-49 所示。

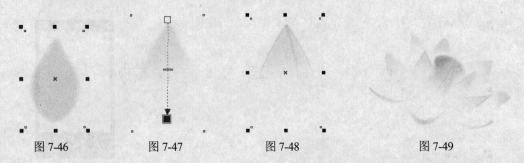

图 7-46      图 7-47      图 7-48      图 7-49

（11）使用贝赛尔工具，绘制如图 7-50 所示的图形，填充为红褐色，作为荷花的茎。

（12）切换到交互式透明工具，将光标移到荷花茎图形的上方，按住左键不放并向下拖动到合适位置后松开鼠标，效果如图 7-51 所示。

（13）切换到椭圆工具，在荷花茎图形上绘制一些小椭圆，并填充为"20%黑"色，作为荷花茎上的小突起，如图 7-52 所示。

（14）使用相同的方法绘制一枝含苞待放的荷花，如图 7-53 所示。

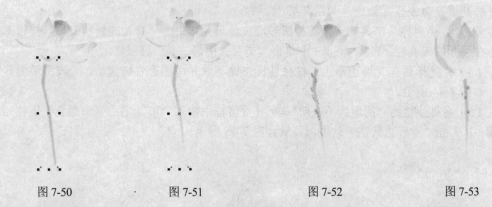

图 7-50      图 7-51      图 7-52      图 7-53

（15）切换到艺术笔工具，在两枝荷花茎的入水处绘制涟漪图形，如图 7-54 所示。

（16）使用贝赛尔工具在荷花的上方绘制蜻蜓图形，与荷花绘制的方法相比较，不同的是在绘制蜻蜓的头部和胸部时不拆分阴影群组，使其看起来有种毛茸茸的感觉。

（17）使用贝赛尔工具绘制蜻蜓的头部和胸部，填充颜色为"R: 46; G: 14; B: 6"；效果如图 7-55 所示。

（18）切换为交互式阴影工具，选择头部图形并在其中心按住鼠标左键不放拖动到适当的位置、释放鼠标后，单击属性栏中的"阴影羽化方向"按钮，在弹出的下拉列表中单击"向外"按钮。

（19）在"阴影颜色"下拉列表框 中单击"砖红"色块 ，按同样的方法为胸部图形设置阴影，效果如图 7-56 所示。

图 7-54　　　　　　　　　图 7-55　　　　　　　　　图 7-56

（20）使用类似方法绘制蜻蜓的翅膀和尾巴，效果如图 7-57 所示。

（21）复制一个蜻蜓图形，调整翅膀的形状和尾巴的弯曲度，拖动到如图 7-58 所示位置即可。

图 7-57　　　　　　　　　　　　　图 7-58

（22）切换为矩形工具绘制挂历的整体布局，将背景色填充为"R：46；G：3；B：3"。

（23）切换为挑选工具 选择背景前面的矩形，按"F11"键打开如图 7-59 所示的"渐变填充"对话框。

（24）在该对话框中设置"白"到"R：224；G：216；B：180"的线性渐变填充。完成后单击"确定"按钮，效果如图 7-60 所示。

（25）将绘制的荷花和蜻蜓图形移到挂历中合适的位置，然后切换为文本工具 ，在挂历的右上角输入垂直排列文本，在挂历下方空白处绘制日期和月份，其方法在第 2 章中的"制作 5 月份挂历"实例中有详细讲解。

（26）输入日期后完成绘制，最终效果如图 7-61 所示。

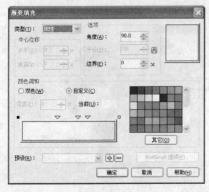

图 7-59

图 7-60

图 7-61

## 7.6 制作琵琶行

### 实例目标

使用贝塞尔工具结合形状工具，绘制人物头部各器官轮廓、衣物、手部和琵琶，并使用均匀填充分别为其填充不同的颜色。再使用矩形工具创建背景并导入"国画.jpg"素材图片即可，最终效果如图 7-62 所示。

素材文件\第 7 章\制作琵琶行\国画.jpg
最终效果\第 7 章\琵琶行.cdr

图 7-62

### 制作思路

本例的制作思路如图 7-63 所示，涉及的知识点有贝塞尔工具、形状工具、调色板、均匀填充、渐变填充、交互式透明工具及"群组"命令和"取消群组"命令等，其中交互式填充工具和均匀填充的使用是本例的重点内容。

①绘制人物头部　　②绘制人物衣物　　③绘制人物琵琶

图 7-63

操作步骤

## 7.6.1 绘制人物头部

（1）按住工具箱中的"手绘工具"按钮✎不放，在其展开的工具条中单击"贝塞尔工具"按钮✎。从人物头部开始勾勒出脸部的大致轮廓，如图 7-64 所示。

（2）单击工具箱中的"形状工具"按钮✎，调整曲线，选中一个节点，出现一个调节柄，拉动它可以调整曲线的弧度，如图 7-65 所示。

（3）当使用形状工具拖动一个节点时，若曲线有 2 边同时都在变化，选中该节点，在工具属性栏上单击✎按钮，即可对一边进行编辑。

（4）若有的线条是直线，选中该节点，在工具属性栏上单击✎按钮，该直线即转换成曲线。

（5）单击工具箱中的"挑选工具"按钮✎，选中该曲线，按"F11"键打开"渐变填充"对话框，在"颜色调和"栏中"从"下拉列表框中单击"其他"按钮，打开"选择颜色"对话框，将填充值设置为"C: 2; M: 11; Y: 15; K: 0"。

（6）单击"确定"按钮，返回到"渐变填充"对话框。将渐变角度设置为"12.5"，其他设置如图 7-66 所示。

（7）单击"确定"按钮，用鼠标右键在调色板上单击⊠按钮，去除脸部轮廓线，效果如图 7-67 所示。

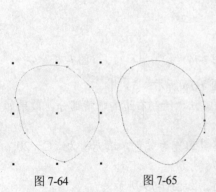

图 7-64　　　　图 7-65　　　　　　图 7-66　　　　　　　图 7-67

（8）使用贝塞尔工具结合形状工具在脸部左边绘制一个眉毛，如图 7-68 所示。

（9）按住"填充工具"按钮✎不放，在其展开的工具条中单击"填充对话框"🔳，打开"均匀填充"对话框，将填充值设置为"C: 33; M: 62; Y: 73; K: 0"。

（10）单击"确定"按钮，再去除其轮廓线，效果如图 7-69 所示。

（11）单击工具箱中的"交互式透明工具"按钮✎，单击眉毛，用鼠标从眉头向外拖动，效果如图 7-70 所示。

（12）使用贝塞尔工具在脸部的右边绘制另一个眉毛，用步骤（11）的方法，给其作透明效果，并去除轮廓线，效果如图 7-71 所示。

（13）使用贝塞尔工具结合形状工具在左边眉毛的下方绘制眼球和眼帘，如图 7-72 所示。

图 7-68          图 7-69          图 7-70          图 7-71

（14）选中眼球，在调色板上单击黑色色块■，将其填充为黑色。再选中眼帘，打开"均匀填充"对话框，为其填充颜色，填充值为 C: 65; M: 94; Y: 93; K: 29。

（15）单击"确定"按钮，再去除其轮廓线，效果如图 7-73 所示。

（16）使用交互式透明工具为眼帘作透明效果，效果如图 7-74 所示。

（17）使用贝塞尔工具在眼帘的上方绘制眼影部分，并使用均匀填充将其填充为粉红色，填充值为"C: 5; M: 77; Y: 1; K: 0"，效果如图 7-75 所示。

图 7-72          图 7-73          图 7-74          图 7-75

（18）使用交互式透明工具为其作透明效果，如图 7-76 所示。

（19）同样，参照步骤（13）～步骤（18）类似的方法，绘制右边的眼睛部分，效果如图 7-77 所示。

（20）使用贝塞尔工具绘制两个色块作为鼻孔，将其填充为绿色，填充值为"C: 20; M: 11; Y: 41; K: 0"，并去除轮廓线，效果如图 7-78 所示。

（21）使用贝塞尔工具结合形状工具绘制上下嘴唇，如图 7-79 所示。

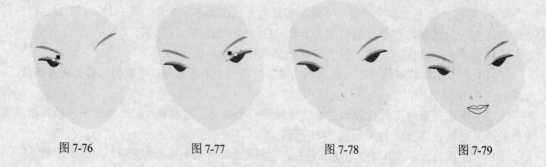

图 7-76          图 7-77          图 7-78          图 7-79

（22）选中上嘴唇，使用渐变填充为其作渐变效果。在"颜色调和"栏的"从"下拉列表框中单击"其他"按钮，在打开的"选择颜色"对话框中，将填充值设置为"C：0；M：100；Y：100；K：0"，用相同的方法将"到"下拉开表框中颜色设置为"C：0；M：20；Y：20；K：0"，然后将渐变角度设为"90.0"，其他参数设置如图 7-80 所示。

（23）单击"确定"按钮，去除其轮廓线，效果如图 7-81 所示。

（24）选中下嘴唇，参照步骤（19）的方法，使用渐变填充为其进行渐变设置，并将渐变角度设置为"-90.0"，并去除轮廓线，效果如图 7-82 所示。

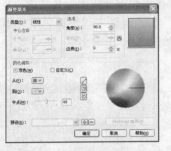

图 7-80　　　　　　　图 7-81　　　　　　　图 7-82

（25）使用贝塞尔工具结合形状工具绘制零乱而厚重的头发，并将颜色填充为黑色，如图 7-83 所示。

（26）使用贝塞尔工具在头发上绘制几块色块作为头巾，并为其填充上绿色，填充值为"C：86；M：29；Y：91；K：2"，去除轮廓线，效果如图 7-84 所示。

（27）在头部的左边绘制一个粉红色的头巾，使用均匀填充为其填充颜色，填充值为"C：5；M：77；Y：1；K：0"，效果如图 7-85 所示。

（28）在头发的右边绘制一个红色的头巾，填充值为"C：12；M：92；Y：94；K：0"，将以上绘制的图像全部选中，按"Ctrl＋G"组合键将其群组，效果如图 7-86 所示。

图 7-83　　　　　　图 7-84　　　　　　图 7-85　　　　　　图 7-86

## 7.6.2　绘制衣物、琵琶和背景等

（1）使用贝塞尔工具结合形状工具绘制外套，并使用均匀填充将其填充为红色，填充值为"C：0；M：99；Y：94；K：0"，选中外套，按"Ctrl+Down"组合键，将其移至头部之

后，效果如图 7-87 所示。

（2）使用贝塞尔工具绘制外套花边，再使用形状工具调整其形状，使其与外套相交的曲线重合，再使用均匀填充将其颜色填充为米黄色，填充为 "C: 4; M: 11; Y: 19; K: 0"，效果如图 7-88 所示。

（3）同样，在头部的左边绘制外套和外套花边，并将其移至于头部之后，外套填充值为 "C: 24; M: 96; Y: 94; K: 0"，花边的颜色填充为 "C: 11; M: 1; Y: 41; K: 0"，效果如图 7-89 所示。

（4）使用贝塞尔工具绘制颈部，并使用渐变填充为其进行渐变填充，在"从"右边的颜色中将填充值设置为 "C: 2; M: 16; Y: 22; K: 0"。在"到"右边的颜色中将填充值设置为 "C: 2; M: 13; Y: 12; K: 0"，其他参数设置如图 7-90 所示。

| 图 7-87 | 图 7-88 | 图 7-89 | 图 7-90 |

（5）单击"确定"按钮，效果如图 7-91 所示。

（6）使用贝塞尔工具在头部左方绘制琵琶上部分，再使用形状工具调整其形状，并使用均匀填充为其填充颜色，填充值为 "C: 4; M: 40; Y: 59; K: 0"，如图 7-92 所示。

（7）使用贝塞尔工具和形状工具在琵琶上绘制纹理部分，并将其颜色填充为褐色，填充值为 "C: 39; M: 67; Y: 78; K: 1"，效果如图 7-93 所示。

（8）使用贝塞尔工具和形状工具绘制琵琶的裹布，并为其填充上紫色，填充值为 "C: 13; M: 40; Y: 4; K: 0"，并按 "Ctrl+PageDown" 组合键，直到将其移至头发之后，效果如图 7-94 所示。

| 图 7-91 | 图 7-92 | 图 7-93 | 图 7-94 |

（9）使用贝塞尔工具在裹布上绘制几条封闭的曲线作为裹布的阴影，并分别选中每条曲线，在调色板上单击紫色色块■，效果如图 7-95 所示。

（10）分别选中每条曲线，使用交互式透明工具分别为其从不同的方向作透明效果，并去除轮廓线，效果如图 7-96 所示。

（11）在琵琶的下方绘制 3 个纹理，并在调色板上将其填充为紫色，并去除轮廓线，如图 7-97 所示。

（12）使用贝塞尔工具在琵琶上绘制衣袖，并使用均匀填充为其填充颜色，填充值为"C: 0; M: 11; Y: 11; K: 0"，效果如图 7-98 所示。

　　图 7-95　　　　　　　　图 7-96　　　　　　　　图 7-97　　　　　　　　图 7-98

（13）在衣袖上绘制几条纹理，并将其颜色填充为粉色，填充值为"C: 0; M: 40; Y: 20; K: 0"，再使用交互式透明工具分别为其进行透明效果，并去除轮廓线如图 7-99 所示。

（14）使用贝塞尔工具结合形状工具在衣袖的左边绘制 4 只手指，并使用均匀填充为其填充颜色，填充值为"C: 0; M: 20; Y: 20; K: 0"，效果如图 7-100 所示。

（15）分别在 4 个手指上绘制指甲，并分别为其填充上红色，填充值为"C: 0; M: 60; Y: 60; K: 0"，并去除轮廓线，效果如图 7-101 所示。

（16）使用贝塞尔工具结合形状工具在琵琶的下方绘制左边的外套，并将其颜色与右边的颜色相同，如图 7-102 所示。

　　图 7-99　　　　　　　　图 7-100　　　　　　　　图 7-101　　　　　　　　图 7-102

（17）在左边的外套下方绘制左边的花边，并为其填充颜色，填充值为"C: 7; M: 1; Y: 25; K: 0"，并去除轮廓线，效果如图 7-103 所示。

（18）使用贝塞尔工具结合形状工具绘制左边下方的外套，并将其颜色与右边的颜色相同，如图 7-104 所示。

（19）在右边的衣袖下方绘制衣袖，并为其填充与左手衣袖相同的颜色，如图 7-105 所示。

（20）在右手衣袖上绘制一些纹理，并将颜色填充为粉色，填充值为"C: 0; M: 40;

Y: 20; K: 0"，并去除轮廓线，如图 7-106 所示。

图 7-103　　　　　　　图 7-104　　　　　　　图 7-105　　　　　　　图 7-106

（21）在右手衣袖的下方绘制衣袖，并将其颜色填充为绿色，填充值为"C: 60; M: 0; Y: 40; K: 20"，并去除轮廓线，效果如图 7-107 所示。

（22）在衣裙上绘制一条黄色的裙带，并将其颜色填充为黄色，其填充值为"C: 3; M: 23; Y: 64; K: 0"，如图 7-108 所示。

（23）在衣裙的下方绘制一条丝巾，并将其颜色填充为绿色，填充值为"C: 20; M: 0; Y: 20; K: 0"，并去除轮廓线，如图 7-109 所示。

（24）在丝巾上绘制 4 条封闭曲线作为丝巾的纹理，使用均匀填充将其颜色填充为绿色，其填充值为"C: 40; M: 0; Y: 40; K: 0"，效果如图 7-110 所示。

图 7-107　　　　　　　图 7-108　　　　　　　图 7-109　　　　　　　图 7-110

（25）分别选中每条丝巾纹理，使用交互式透明工具为其作透明效果，并去除轮廓线，效果如图 7-111 所示。

（26）将以上绘制的人图形全部选中，并在工具属性栏上单击 按钮，将其全部群组，效果如图 7-112 所示。

图 7-111　　　　　　　　　　　　　　　　图 7-112

（27）在工具标准栏上单击圖按钮，导入一幅国画。

（28）选中人物图像，将其放置于国画中的适当位置，完成制作，最终效果如图 7-62 所示。

# 7.7　制作手绘装饰画效果

**实例目标**

首先利用椭圆工具、矩形工具、形状工具、交互式调和工具、均匀填充和轮廓笔对话框等绘制背景空间，然后用相同的方法分别绘制窗户、花卉、乐谱架和吉它，最后将所有图形组合在一起即可完成制作，最终效果如图 7-113 所示。

最终效果\第 7 章\手绘装饰画效果.cdr

图 7-113

**制作思路**

本例的制作思路如图 7-114 所示，涉及的知识点有椭圆工具、形状工具、轮廓笔工具、交互式调和工具、均匀填充等，其中交互调和工具的使用是本例的重点内容。

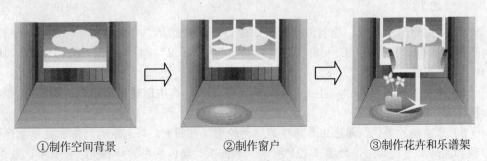

①制作空间背景　　　　②制作窗户　　　　③制作花卉和乐谱架

图 7-114

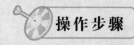 操作步骤

## 7.7.1 制作背景空间

（1）新建一个图形文件，其页面方向为默认的竖向。

（2）单击工具箱中的"矩形工具"按钮▢，绘制一个矩形，然后选择【排列】/【转换为曲线】命令，可以使图形转换为曲线。

（3）用挑选工具选取矩形，选择【效果】/【添加透视】命令，添加透视效果，如图 7-115所示。再使用矩形工具▢，绘制一个矩形与透视图形组合在一起，如图 7-116 所示。

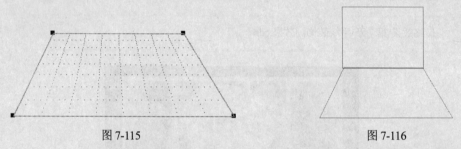

图 7-115         图 7-116

（4）使用矩形工具再绘制一个矩形 2，如图 7-117 所示。选择【排列】/【转换为曲线】命令，可以使图形转换为曲线，使用形状工具让矩形适合背景图形，效果如图 7-118所示。

（5）将编辑的矩形复制并水平镜像一个，放置在图形的右侧，效果如图 7-119 所示。

图 7-117       图 7-118       图 7-119

（6）使用矩形工具▢，绘制两个等大的矩形，然后打开"均匀填充"对话框，分别将绘制矩形的颜色填充值为"C: 58; M: 89; Y: 30; K: 2"和"C: 3; M: 25; Y: 10; K: 0"两种色彩。

（7）单击工具箱中的"交互式调和工具"按钮▦，选中创建两个矩形的调和，调和效果如图 7-120 所示。

（8）选中调和效果，单击工具箱中的"无轮廓"按钮✕，将选取的对象设置为无轮廓。选中调和图形和透视矩形，如图 7-121 所示。单击工具属性栏中的"相交"按钮▦，效果如图 7-122 所示。

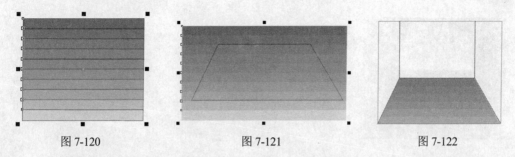

图 7-120　　　　　　　　图 7-121　　　　　　　　图 7-122

（9）将两边的墙体复制并填充深浅不一的紫色，如图 7-123 所示。再使用同样的制作方法制作出空间两侧的墙体调和效果，效果如图 7-124 所示。

（10）使用矩形工具绘制两个等大的矩形，打开"均匀填充"对话框，将两个矩形框设置为深灰色和浅灰色，效果如图 7-125 所示。

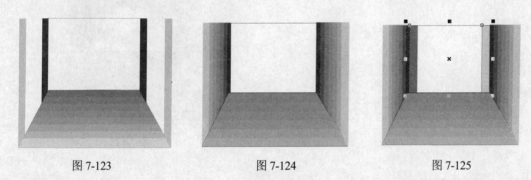

图 7-123　　　　　　　　图 7-124　　　　　　　　图 7-125

（11）使用交互式调和工具创建两个灰度矩形的调和效果，效果如图 7-126 所示。单击工具属性栏中的"杂项调和选项"按钮，在弹出菜单中单击"拆分"按钮。

（12）用出现的光标单击要拆分调和的点上的中间对象，如图 7-127 所示的位置。以单击的这个图形为原始图形，将这个图形填充为黑色，效果如图 7-128 所示。

图 7-126　　　　　　　　图 7-127　　　　　　　　图 7-128

（13）使用制作空间地板的方法制作空间外的天空，效果如图 7-129 所示。

（14）单击工具箱中的"椭圆工具"按钮，绘制一个椭圆图形，再复制 3 个椭圆，作一定的缩放变化与原椭圆组合在一起，效果如图 7-130 所示。

（15）使用挑选工具选中几个椭圆，单击工具属性栏工具中的"焊接"按钮，效果如图 7-131 所示。将该图形复制一个，并向右移一定的位置，将其作为云朵。

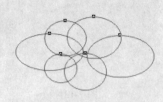

图 7-129 图 7-130 图 7-131

（16）将制作的云朵填充为浅蓝色，如图 7-132 所示。复制一个云朵进行缩放处理，填充为浅黄色，与制作好的背景空间组合起来，效果如图 7-133 所示。

图 7-132 图 7-133

## 7.7.2　制作窗户

（1）使用矩形工具沿天空框架大小绘制一个矩形，然后单击"轮廓工具" 。在展开工具条中单击"轮廓画笔对话框" ，将打开如图 7-134 所示的"轮廓笔"对话框，设置矩形轮廓的一些属性，单击"确定"按钮，效果如图 7-135 所示。

（2）使用矩形工具绘制一个矩形，选择【排列】/【转换为曲线】命令，将图形转换为曲线。单击工具箱中的"形状工具"按钮 ，选择矩形左上角的节点，此时单击属性栏中分离节点按钮 ，使用形状工具将分离后的节点移出原位，如图 7-136 所示。

图 7-134 图 7-135 图 7-136

（3）使用同样的方法将矩形上边线移除，效果如图 7-137 所示，保持矩形上边线选择状态，按 "Delete" 键，删除这一线条。

（4）使用挑选工具选择没有上边线的矩形，按小键盘上的 "+" 键复制矩形，用鼠标将复制图形向左边进行拖动，绘制与原图形等高不等长的图形，如图 7-138 所示。

（5）使用形状工具改变复制图形的节点，制作出窗框的透视效果，如图 7-139 所示。将其复制并水平镜像，制作出另一个窗框，如图 7-140 所示。

图 7-137

图 7-138

图 7-139

（6）单击工具箱中的 "贝塞尔工具" 按钮，在绘图页面中单击鼠标，确定直线的起点，拖动鼠标并在适当位置单击鼠标，绘制一条直线作为窗格，如图 7-141 所示。

（7）选中窗格，将其轮廓属性设置和窗框一样，效果如图 7-142 所示。使用同样的方法制作另一个窗格，效果如图 7-143 所示。

图 7-140

图 7-141

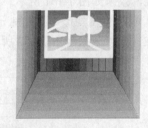
图 7-142

（8）单击工具箱中的 "椭圆工具" 按钮，在绘图页面中绘制一个椭圆。选择【排列】/【转换为曲线】命令，可以使图形转换为曲线，使用形状工具编辑椭圆节点，效果如图 7-144 所示。

（9）选择不规则的椭圆，将其复制一个，按住 "Shift+Alt" 组合键向中心进行拖动，绘制一个同心的不规则椭圆，如图 7-145 所示。打开 "均匀填充" 对话框。在该对话框中将两个图形的颜色设置为如图 7-146 的所示的色彩，单击 "确定" 按钮并去除其轮廓线。

图 7-143

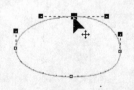
图 7-144

图 7-145

图 7-146

（10）创建两个椭圆的调和效果。效果如图 7-147 所示，将椭圆放置在空间背景中，如图 7-148 所示。

图 7-147

图 7-148

### 7.7.3 制作花卉

（1）使用矩形工具绘制两个等大的矩形，打开"均匀填充"对话框，将两个矩形框设置为"C: 95; Y: 0; M: 20; K: 0"和"C: 40; Y: 0; M: 100; K: 0"两种颜色。

（2）单击"确定"按钮，效果如图 7-149 所示。

（3）使用交互式调和工具创建两个矩形的调和效果。效果如图 7-150 所示。再去除其轮廓线，效果如图 7-151 所示。

（4）使用矩形工具绘制一个矩形图形，再将其复制一个，作一定的缩放变化与原椭圆组合在一起，效果如图 7-152 所示。

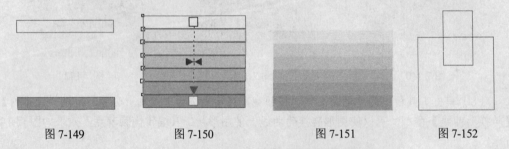

图 7-149          图 7-150          图 7-151          图 7-152

（5）使用挑选工具选中两个矩形，单击工具属性栏中的焊接按钮 ，效果如图 7-153 所示。

（6）使用形状工具编辑图形节点，使图形外形接近花瓶形状，如图 7-154 所示。选中调和图形和花瓶图形，单击工具属性栏中的相交按钮 ，效果如图 7-155 所示。

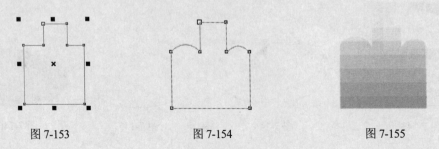

图 7-153          图 7-154          图 7-155

（7）单击工具箱中的"椭圆工具"按钮 ，在花瓶图形瓶口上绘制一个半圆，并将其填充为白色，效果如图 7-156 所示。

（8）在绘图页面中绘制一个椭圆，然后选择【排列】/【转换为曲线】命令，可以使图形转换为曲线，使用形状工具编辑椭圆节点，效果如图 7-157 所示。选中不规则的椭圆，将其复制一个，再按住键盘上左键"Shift+Alt"组合键向中心进行拖动，绘制一个同心的不规则椭圆，如图 7-158 所示。

（9）选中两个椭圆，打开"均匀填充"对话框。将在该对话框中将两个图形的颜色设置为"C: 0; Y: 20; M: 100; K: 0"和"C: 0; Y: 40; M: 60; K: 0"两种色彩。

（10）单击"确定"按钮，效果如图 7-159 所示。

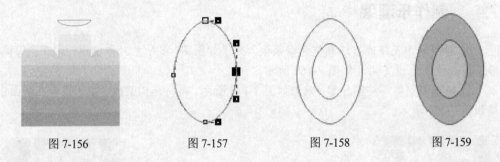

图 7-156　　　　　　图 7-157　　　　　　图 7-158　　　　　　图 7-159

（11）使用交互式调和工具创建两个椭圆的调和效果，效果如图 7-160 所示。再去除其轮廓线，效果如图 7-161 所示。

（12）复制一个调和椭圆，再次单击椭圆，其四周将出现旋转控制手柄。将光标移动到旋转控制手柄上，光标变成旋转符号 。按下鼠标左键不放，拖动鼠标，达到如图 7-162 所示效果。使用同样的方法制作另外几个花瓣，效果如图 7-163 所示。将该图形与制作好的图形组合起来。

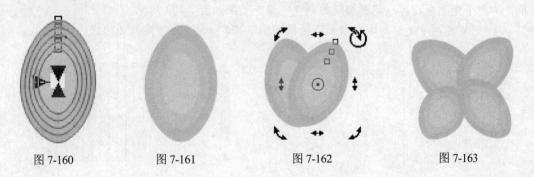

图 7-160　　　　　　图 7-161　　　　　　图 7-162　　　　　　图 7-163

（13）单击工具箱中的"贝塞尔工具"按钮 ，在绘图页面中单击鼠标，确定直线的起点，拖动鼠标并在适当位置单击鼠标，确定直线的终点，绘制一条曲线，如图 7-164 所示。继续绘制花枝，如图 7-165 所示。

（14）将绘制的花卉放置在背景空间中，效果如图 7-166 所示。参照前面的方法制作花瓶的投影，效果如图 7-167 所示。

图 7-164 图 7-165 图 7-166 图 7-167

### 7.7.4 制作乐谱架

（1）参照制作花瓶的方法制作乐谱架板，效果如图 7-168 所示。再使用矩形工具▢和多边形工具◯绘制乐谱支架，如图 7-169 所示。

（2）将乐谱支架焊接在一起，效果如图 7-170 所示。再将乐谱架板、架子组合在画面中，效果如图 7-171 所示。

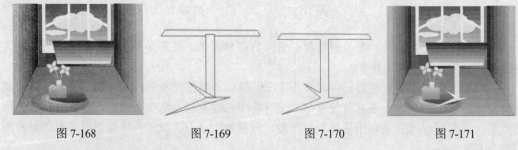

图 7-168 图 7-169 图 7-170 图 7-171

（3）使用矩形工具绘制两个等大的矩形，效果如图 7-172 所示。打开"均匀填充"对话框，为两个矩形框设置与花瓶相同的颜色。填充效果如图 7-173 所示。

（4）创建两个矩形的调和效果。效果如图 7-174 所示。再去除其轮廓线。

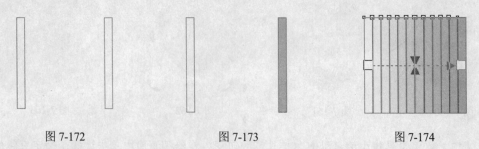

图 7-172 图 7-173 图 7-174

（5）使用矩形工具在绘图页面中绘制一个矩形，再将其转换为曲线，使用节点形状编辑工具编辑矩形节点，效果如图 7-175 所示。分别复制一个绘制图形和调和矩形。选中调和图形和绘制图形，如图 7-176 所示。

（6）单击工具属性栏中的相交按钮▣，效果如图 7-177 所示，再将编辑过的矩形水平镜像，选中矩形曲线和矩形调和，如图 7-178 所示。再将二者相交，效果如图 7-179 所示。

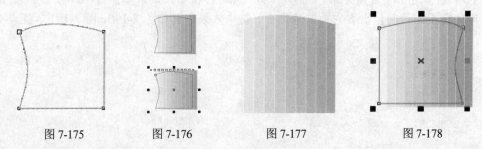

图 7-175　　　　　　图 7-176　　　　　　图 7-177　　　　　　图 7-178

（7）选中两个调和图形，将其组合成书籍效果，如图 7-180 所示。将制作好的图形组合起来，效果如图 7-181 所示。

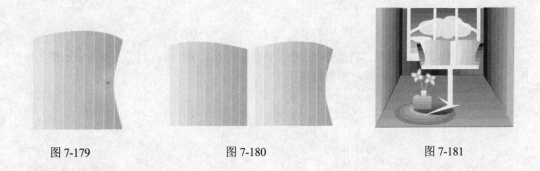

图 7-179　　　　　　　　　　　图 7-180　　　　　　　　　　　图 7-181

## 7.7.5　制作吉它

（1）单击工具箱中的"椭圆工具"按钮 ，在绘图页面中绘制两个椭圆，然后使用鼠标单击"焊接"按钮 ，将两个椭圆焊接在一起，效果如图 7-182 所示。将其选中再复制两个，再按"→"键向右移动，效果如图 7-183 所示。

（2）选中后面的两个焊接图形，单击工具属性栏中的"修剪"按钮 ，效果如图 7-184 所示。制作出其侧面。将其与前面的图形相组合，效果如图 7-185 所示。

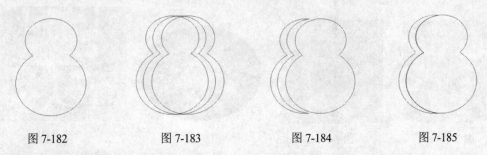

图 7-182　　　　　　图 7-183　　　　　　图 7-184　　　　　　图 7-185

（3）单击工具箱中的"矩形工具"按钮 ，绘制一个矩形，效果如图 7-186 所示，再将其转换为曲线。

（4）选中矩形，选择【效果】/【添加透视】命令，添加透视效果，效果如图 7-187 所示。再将其选中并复制一个，如图 7-188 所示。

（5）选择这个不规则矩形，再按"→"键向右移动，效果如图 7-189 所示，使用手绘工具和椭圆工具制作出吉它的其他部分，制作效果分别如图 7-190、图 7-191 和图 7-192 所示。

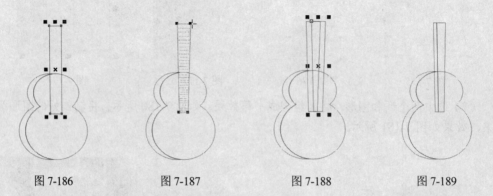

| 图 7-186 | 图 7-187 | 图 7-188 | 图 7-189 |

（6）选中矩形调和效果，将其复制 3 个。再使用交互式调和工具 分别制作出如图 7-193、图 7-194 和图 7-195 所示的调和图形效果。

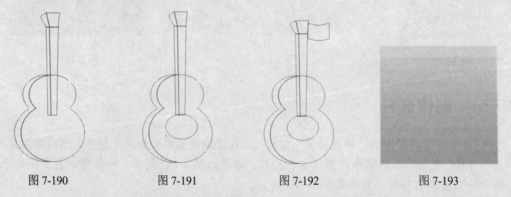

| 图 7-190 | 图 7-191 | 图 7-192 | 图 7-193 |

（7）使用椭圆工具绘制两个同心圆，再制作如图 7-196 所示的调和效果，再将其与吉他相群组并放置在背景画面中，效果如图 7-197 所示。

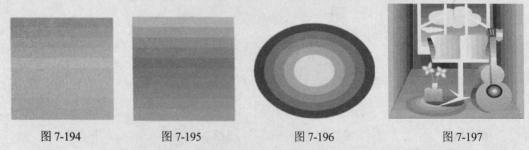

| 图 7-194 | 图 7-195 | 图 7-196 | 图 7-197 |

（8）选中吉他图形，再次单击对象，将光标移动到出现的倾斜控制手柄 ↕ 上，按下鼠标左键不放拖动鼠标，如图 7-198 所示，将吉他图形倾斜，效果如图 7-199 所示。

（9）参照制作矩形调和的方法制作出吉它的投影，效果如图 7-200 所示，使用矩形工具沿画面边框绘制一个矩形框架，如图 7-201 所示。

图 7-198

图 7-199

图 7-200

（10）选中矩形框架，打开如图 7-202 所示的"轮廓笔"对话框。设置矩形轮廓的属性，设置完成后单击"确定"按钮，效果如图 7-203 所示。

（11）使用矩形工具在背景空间上绘制一个黑色矩形，按"Shift+PageDown"组合键将其移到最下层来衬托画面，完成本例的制作，最终效果如图 7-113 所示。

图 7-201

图 7-202

图 7-203

# 7.8　课后练习

根据本章所学内容，动手完成以下实例的制作。

### 练习 1　制作立体字文字特殊效果

运用文本工具、挑选工具、渐变填充、交互式立体化工具、"顺序"命令等知识，制作如图 7-204 所示的立体字文字特殊效果。

图 7-204

最终效果\第 4 章\课后练习\立体字文字特殊效果.cdr

### 练习 2 制作 4 个不同颜色的透明水珠按钮

运用椭圆工具、交互式调和工具、交互式透明工具、轮廓画笔工具、文本工具等操作，完成如图 7-205 所示的 4 个不同颜色的透明水珠按钮。

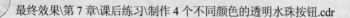 最终效果\第 7 章\课后练习\制作 4 个不同颜色的透明水珠按钮.cdr

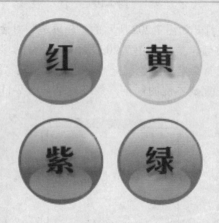

图 7-205

### 练习 3 制作反光按钮

运用矩形工具、形状工具、交互式调和工具、交互式透明工具、文本工具等操作，完成如图 7-206 所示的反光按钮。

 最终效果\第 1 章\课后练习\反光按钮.cdr

图 7-206

### 练习 4 绘制网站广告

运用交互式阴影工具、交互式轮廓图工具、文本工具、"导入"命令等知识，绘制一个网站的广告，制作完成后的效果如图 7-207。

素材文件\第 7 章\课后练习\绘制网站广告\图片 1.jpg…

最终效果\第 7 章\课后练习\网站广告.cdr

图 7-207

### 练习 5　绘制楼书广告

根据提供的素材，运用矩形工具、交互式阴影工具、交互式轮廓图工具、文本工具等操作，制作如图 7-208 所示的楼书广告。

素材文件\第 7 章\课后练习\绘制楼书广告\图片 1.jpg、图片 2.jpg

最终效果\第 7 章\课后练习\楼书广告.cdr

图 7-208

### 练习 6　绘制彩虹效果装饰画

运用矩形工具、形状工具、贝塞尔工具、交互式调和工具、渐变填充等知识，制作如图 7-209 所示的彩虹效果装饰画。

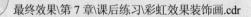

最终效果\第 7 章\课后练习\彩虹效果装饰画.cdr

图 7-209

### 练习 7　制作旅游之光文字特殊效果

运用矩形工具、文本工具、交互式阴影工具、"导入"命令等知识，制作如图 7-210 所示的旅游之光文字特殊效果。

素材文件\第 7 章\课后练习\制作旅游之光文字特殊效果\风光.jpg

最终效果\第 7 章\课后练习\旅游之光文字特殊效果.cdr

图 7-210

### 练习 8　制作圣诞节卡通图

运用矩形工具、形状工具、贝塞尔工具、填充工具、交互式阴影工具等知识，制作如

图 7-211 所示的圣诞节卡通图。

 最终效果\第 7 章\课后练习制作圣诞节卡通图.cdr

图 7-211

### 练习 9　绘制人物肖像效果

运用矩形工具、形状工具、贝塞尔工具、交互式调和工具、交互式网状填充工具等知识，制作如图 7-212 所示的人物肖像效果。

图 7-212

最终效果\第 7 章\课后练习\人物肖像效果.cdr

### 练习 10  绘制蝶变花效果

运用形状工具、贝塞尔工具、图样填充工具、交互式调和工具等知识，制作如图 7-213 所示的蝶变花效果。

最终效果\第 7 章\课后练习\蝶变花效果.cdr

图 7-213

### 练习 11  制作苹果效果

运用矩形工具、形状工具、渐变填充、交互式调和工具、交互式阴影工具等知识，制作如图 7-214 所示的苹果效果。

最终效果\第 7 章\课后练习\制作苹果效果.cdr

图 7-214

# 第 8 章

# 编辑与处理位图

　　编辑于处理位图包括转换位图、设置位图颜色模式、裁剪位图、使用位图颜色遮罩、为位图设置特效滤镜等，本章将以 6 个制作实例来介绍在 CorelDRAW X3 中编辑与处理位图的详细方法。

**本章学习目标：**

　　📖　制作画册模板
　　📖　制作虚光效果的图片
　　📖　制作浮雕字特殊效果
　　📖　制作电话卡户外广告效果
　　📖　绘制信笺纸
　　📖　绘制 8 月份挂历

## 8.1　制作画册模板

　　首先利用矩形工具、手绘工具等绘制画册模板的框架，然后导入位图并进行交互式透明和颜色遮罩等处理，最后将所有图形群组，最终效果如图 8-1 所示。

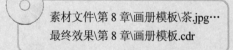

素材文件\第 8 章\画册模板\茶.jpg…
最终效果\第 8 章\画册模板.cdr

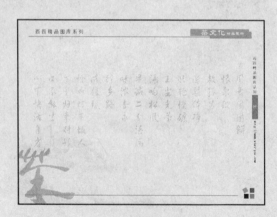

图 8-1

## 制作思路

本例的制作思路如图 8-2 所示，涉及的知识点主要有裁剪位图、调整位图颜色效果、位图颜色遮罩、交互式透明工具的使用等操作，其中位图的各种编辑操作是本例的重点内容。

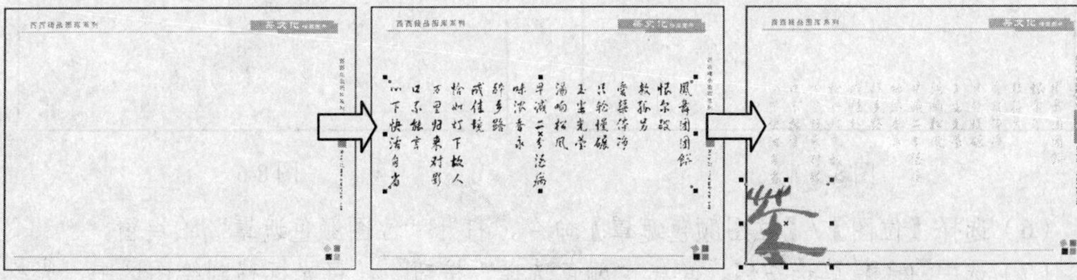

①绘制框架　　②颜色遮罩　　③取消饱和

图 8-2

## 操作步骤

（1）新建一个图形文件，并将其保存为“画册模板.cdr”。

（2）使用矩形工具、手绘工具、文本工具等绘制画册模板的样式框架，如图 8-3 所示。

（3）按“Ctrl+I”组合键导入“画册 1.jpg”图形文件，调整大小后将其移到合适的位置，按“Shift+Page Down”组合键将其放置于最下层，如图 8-4 所示。

图 8-3

图 8-4

（4）切换到交互式透明工具，在其属性栏的“透明度类型”下拉列表框中选择“标准”选项，在“透明度操作”下拉列表框中选择“如果更暗”选项，在“开始透明度”数值框中输入“80”，效果如图 8-5 所示。

（5）用同样的方法导入“画册 2.jpg”图形文件，然后将其移到如图 8-6 所示的位置。

 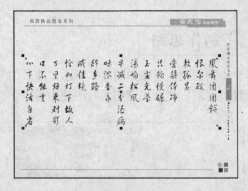

图 8-5 图 8-6

（6）选择【位图】/【位图颜色遮罩】命令，打开"位图颜色遮罩"泊坞窗。

（7）选中 隐藏颜色 单选按钮，单击"颜色选择"按钮，将光标移到绘图区中，光标变为 形状，选择导入图片中的白色区域。

（8）在"容限"数值框中输入"20"，单击"应用"按钮，效果如图 8-7 所示。

 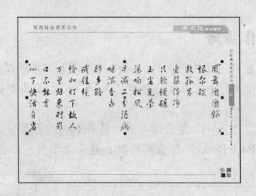

图 8-7

（9）切换到交互式透明工具，在其属性栏中的"透明度类型"下拉列表框 无 中选择"标准"选项，在"透明度操作"下拉列表框 正常 中选择"底纹化"选项，在"开始透明度"数值框 50 中输入"80"，效果如图 8-8 所示。

（10）导入"茶.jpg"图形文件，如图 8-9 所示。

图 8-8 图 8-9

（11）切换到形状工具 ![6]，拖动图片周围的节点调整位图形状，双击边线可以添加节点，调整效果如图 8-10 所示。

（12）选择【位图】/【裁剪位图】命令，对该位图进行裁剪后，切换到挑选工具 ![k] 将其移到如图 8-11 所示位置。

图 8-10

图 8-11

（13）选择【位图】/【位图颜色遮罩】命令，打开"位图颜色遮罩"泊坞窗。

（14）单击"颜色选择"按钮 ![图]，将光标移到绘图区中，选择"茶"图片中的背景色。在"容限"数值框中输入"80"，单击"应用"按钮，效果如图 8-12 所示。

（15）使用挑选工具 ![k] 选择"茶"图形，选择【效果】/【调整】/【取消饱和】命令，效果如图 8-13 所示。

图 8-12

图 8-13

（16）切换到交互式透明工具 ![k]，用相同方法将透明度类型设置为"标准"选项，将透明度操作设置为"底纹化"，将"开始透明度"设置为"64"。

（17）使用挑选工具 ![k] 框选所有图形，单击"群组"按钮 ![k]，完成本例的制作。

# 8.2 制作虚光效果的图片

**实例目标**

导入一张位图，然后对其进行"天气"和"虚光"的参数处理，最终效果如图 8-14

所示。

素材文件\第 8 章\虚光效果\玫瑰.jpg
最终效果\第 8 章\虚光效果.cdr

图 8-14

 **制作思路**

本例的制作思路如图 8-15 所示，涉及的知识点主要有导入文件、设置"天气"对话框、设置"虚光"对话框等操作，其中对话框的参数设置是本例的重点。

①导入位图　　　　　②设置"天气"参数　　　　　③设置"虚光"参数

图 8-15

 **操作步骤**

（1）新建一个图形文件，并将其保存为"玫瑰.cdr"。

（2）按"Ctrl+I"键导入"玫瑰.jpg"图形文件，如图 8-16 所示。

（3）选择【位图】/【创造性】/【天气】命令，打开"天气"对话框。选中"预报"栏中的◉雾(F)单选按钮，在"浓度"文本框中输入"18"，在"大小"文本框中输入"3"，如图 8-17 所示。

图 8-16

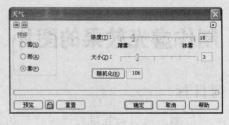

图 8-17

（4）单击"确定"按钮完成设置，效果如图 8-18 所示。

（5）选择【位图】/【创造性】/【虚光】命令，打开"虚光"对话框。在"颜色"栏中选中⊙其它(T)单选按钮，在其下方的颜色选择框中选择白色。在"形状"栏中选中⊙椭圆(E)单选按钮。在调整栏中的"偏移"和"褪色"文本框中分别输入"101"和"99"，如图 8-19所示。

（6）单击"确定"按钮，完成本例的制作。

图 8-18

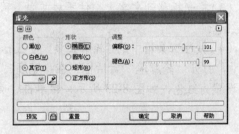

图 8-19

# 8.3 制作浮雕字特殊效果

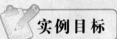

## 实例目标

利用文本工具输入并设置文字格式，然后为其填充渐变效果，接着将其转换为位图，最后为其应用浮雕效果，最终效果如图 8-20 所示。

最终效果\第 8 章\浮雕字效果.cdr

图 8-20

## 制作思路

本例的制作思路如图 8-21 所示，涉及的知识点主要有文字的输入与设置、图形的分布与对齐、渐变效果的填充、位图的转换、浮雕效果的应用等操作，其中位图的转换和浮雕效果的应用是本例的重点。

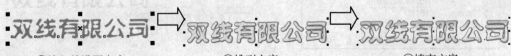

①输入并设置文字 ②排列文字 ③填充文字

图 8-21

**操作步骤**

（1）新建一个绘图文件。

（2）单击工具箱中的"文本工具"按钮🌣，在绘图区中输入文字"双线有限公司"，然后单击工具箱中的"挑选工具"按钮🗈，在工具属性栏的"字体列表"下拉列表框中选择"方正水柱简体"，在"字体大小列表"下拉列表框中选择"48"，再将其填充为黄色，效果如图 8-22 所示。

（3）将光标移到文字上按住不放并向下移动一段距离再单击鼠标右键复制出文字，并填充为红色。

（4）按住工具箱中的"轮廓工具"按钮✒不放，在展开工具条上单击"轮廓画笔对话框"按钮🖊，打开"轮廓笔"对话框。在"宽度"下拉列表框中选择"1.411mm"选项，将轮廓颜色设置为红色，如图 8-23 所示，再单击"确定"按钮填充轮廓颜色。

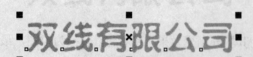

图 8-22

图 8-23

（5）选中黄色文字，按住"Shift"键不放的同时单击红色文字，选择【排列】/【对齐和分布】/【对齐和发布】命令，打开"对齐与分布"对话框，单击"对齐"选项卡，再选中其中水平栏的☑中(C)复选框和垂直栏中的☑中(C)复选框，如图 8-24 所示。

（6）分别单击"应用"和"关闭"按钮，将两组文字中心对齐，效果如图 8-25 所示。

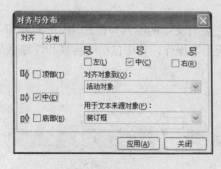

图 8-24

图 8-25

（7）选中上面的黄色文字，再按住工具箱中的"填充工具"按钮🖌不放，在展开工具条上单击"渐变填充对话框" ，打开"渐变填充"对话框，在"类型"下拉列表框中选择"线性"，再在"预设"下拉列表框中选择"柱面-金色 04"，用鼠标选中颜色节点并调整其位置并设置角度，如图 8-26 所示。

（8）单击"确定"按钮，为其填充渐变颜色，效果如图 8-27 所示。

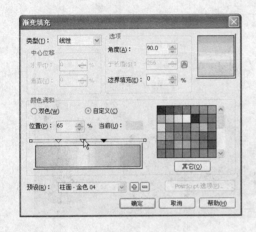

图 8-26

图 8-27

（9）使用挑选工具框选住两个文字，再选择【位图】/【转换为位图】命令，打开"转换为位图"对话框，在"颜色"下拉列表框中选择"CMYK 颜色（32 位）"选项，在"分辨率"下拉列表框中选择"300dpi"选项，如图 8-28 所示。

（10）单击"确定"按钮，将文字转换为位图，再选择【位图】/【三维效果】/【浮雕】命令，打开"浮雕"对话框，参数设置如图 8-29 所示。

（11）单击"确定"按钮，完成本例的制作，最终效果如图 8-20 所示。

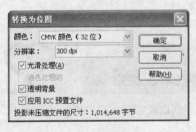

图 8-28

图 8-29

# 8.4　制作电话卡户外广告效果

 **实例目标**

导入一张位图并对其进行处理，然后利用贝塞尔工具等绘制企业标志，接着利用文本工具等输入广告内容，最后导入位图并进行虚光处理，最终效果如图 8-30 所示。

素材文件\第 8 章\电话卡户外广告\城市.jpg、电话线.jpg

最终效果\第 8 章\电话卡户外广告.cdr

图 8-30

## 制作思路

本例的制作思路如图 8-31 所示，涉及的知识点主要有矩形工具、挑选工具、贝塞尔工具、形状工具、调色板、填充工具、交互式透明工具、交互式阴影工具、文本工具。"虚光"对话框等，其中位图的处理以及文字的编辑是本例的重点内容。

①编辑位图　　　②绘制标志　　　③设置文字　　　④处理位图

图 8-31

## 操作步骤

（1）新建一个图形文件，将其宽度设置为"57"，高度设置为"24"。

（2）按"Ctrl+I"组合键导入"城市.jpg"图形文件。

（3）将图片放置在页面上，效果如图 8-32 所示。

（4）切换到挑选工具选中图片，再切换到交互式透明工具，按住"Ctrl"键的同时，按住鼠标从图片下方向上拖动，为其设置垂直透明效果，如图 8-33 所示。

图 8-32 图 8-33

（5）切换到矩形工具 ▣，在页面左边拖动鼠标创建一个矩形，并将其宽度设置为 "6"，高度设置为 "24"。

（6）选择绘制的矩形，为其填充青色，并在调色板上方用鼠标右键单击 ⊠ 按钮，去除轮廓线，效果如图 8-34 所示。

（7）切换到贝塞尔工具 ✎，在大矩形的下方依次单击鼠标，绘制一条封闭曲线。

（8）利用形状工具 ⬍ 调整曲线的形状，并将其填充与矩形相同的颜色，并去除轮廓线，效果如图 8-35 所示。

图 8-34 图 8-35

（9）选中青色曲线，切换到交互式阴影工具 ▣，按住 "Ctrl" 键，在青色曲线上向上拖动鼠标，当阴影框到达曲线上边缘时释放鼠标和按键，并将 "不透明度" 设置为 "100"，阴影颜色设置为 "白色"，效果如图 8-36 所示。

（10）在阴影上单击鼠标右键，在弹出的快捷菜单中选择 "拆分 阴影群组" 命令，再选中阴影，按小键盘上的 "+" 键两次，效果如图 8-37 所示。

图 8-36 图 8-37

（11）使用贝塞尔工具在矩形上依次单击鼠标绘制标志的左边部分，在工具属性栏上将轮廓线设置为 "0.15"，再使用形状工具调整其形状，效果如图 8-38 所示。

（12）选中左边的标志，按小键盘上的 "+" 键，并单击工具属性栏上的 ⬌ 按钮，将其水平镜像，并移至右边组合成标志。选中标志的两部分，按 "B" 键，使其底边对齐，如图 8-39 所示。

（13）利用文本工具 ✍ 在标志的下方输入企业中英文名称，然后利用挑选工具 ⬍ 将字体设置为“黑体”，字号设置为“3”，将英文的字号设置为“2”，效果如图 8-40 所示。

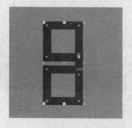

图 8-38

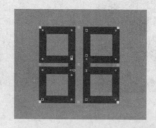

图 8-39

四通集团
SITONG GROUP

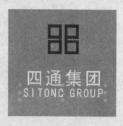

图 8-40

（14）使用文本工具在带阴影的曲线上输入标语，并将字体设置为“黑体”，字号设置为“5”，然后使用形状工具单击文字，拖动文字下方的向右箭头，调整其字间距，效果如图 8-41 所示。

（15）使用文本工具在图片左上方输入服务方式，将字体设置为“黑体”，字号设置为“2”，效果如图 8-42 所示。

用心服务，放心享用

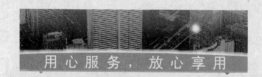

图 8-41

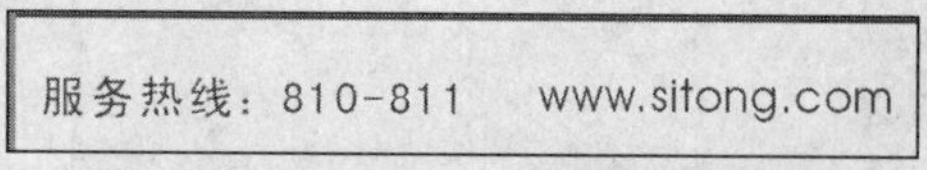

服务热线：810-811 www.sitong.com

图 8-42

（16）使用文本工具在图片上方输入广告语，将字体设置为“黑体”，字号设置为“12”，再使用形状工具单击广告语，选中“自游”下方的节点并将其向上拖动一段距离，将“自载”下方的节点向下拖动一段距离，效果如图 8-43 所示。

网通卡，任你自游自载
四通集团
SITONG GROUP
用心服务，放心享用

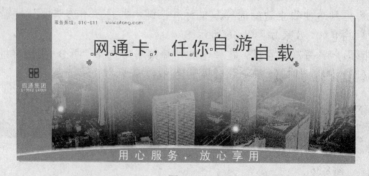

图 8-43

（17）选中广告语，按住“Ctrl”键，将其向下移动一段距离。然后将其复制一个，并为其填充红色，效果如图 8-44 所示。

（18）切换到轮廓画笔工具，利用“轮廓笔”对话框将颜色设置为“红色”，宽度设置为“0.706”，如图 8-45 所示。

（19）单击“确定”按钮，效果如图 8-46 所示。

图 8-44

图 8-45

（20）选中上面的广告语，按住 "Shift" 键，再单击下面的广告语，按 "C" 键，再按 "E" 键，效果如图 8-47 所示。

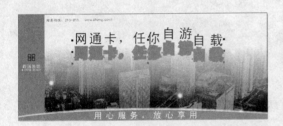

图 8-46

图 8-47

（21）选中红色广告语，按 "Ctrl+PageDown" 组合键，直到将其移至黑色广告语的下面，效果如图 8-48 所示。

图 8-48

（22）选中黑色广告语，将其填充为白色，再将两个广告语群组，效果如图 8-49 所示。

图 8-49

（23）按"Ctrl+I"组合键导入电话线，如图 8-50 所示。

（24）选中电话线，选择【位图】/【转换为位图】命令，再选择【位图】/【创造性】/【虚光】命令，打开"虚光"对话框，在其中进行如图 8-51 所示的设置。

（25）选中电话线，将其放到广告语的下面，完成制作，最终效果如图 8-30 所示。

图 8-50

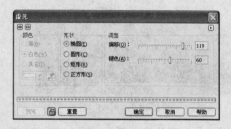

图 8-51

## 8.5　绘制信签纸

 **实例目标**

首先导入位图，并对其进行一定的处理，然后绘制出格子线，最后对图形对象进行卷页效果的设置，最终效果如图 8-52 所示。

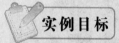

素材文件\第 8 章\信签纸\底图.jpg
最终效果\第 8 章\信签纸.cdr

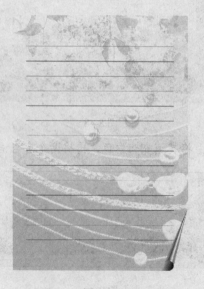

图 8-52

### 制作思路

本例的制作思路如图 8-53 所示，涉及的知识点主要有位图的裁剪、交互式透明工具的使用、位图的转换、卷页的处理等，其中位图的处理与卷页效果的设置是本例的重点内容。

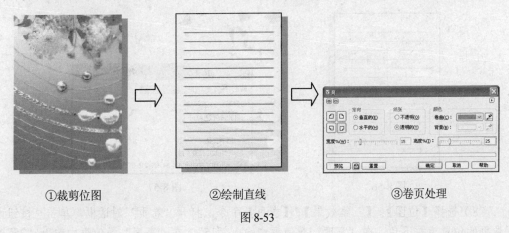

①裁剪位图　　　　　　②绘制直线　　　　　　③卷页处理

图 8-53

### 操作步骤

（1）新建一个绘图页面，导入位图文件"底图.jpg"。

（2）将导入的位图放置于页面中心，将其放大使位图盖住页面。

（3）切换到形状工具，框选位图上方的两个节点，如图 8-54 所示。按住鼠标左键向下拖动，使两节点间的线与页面上方对齐，用相同的方法裁剪位图，使其与页面大小相同，如图 8-55 所示。

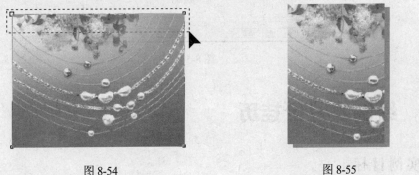

图 8-54　　　　　　　　　　　　　　　图 8-55

（4）切换为交互式透明工具，在属性栏中单击"透明度类型"下拉列表框，在弹出的下列表中选择"标准"选项，设置透明度为"80"，以展现淡雅的效果。

（5）绘制一条直线，设置其线宽为"0.4mm"。将其放置于位图中偏上的位置，采用拖动复制的方法向下拖动复制直线，连续按"Ctrl+D"组合键执行再制操作，效果如图 8-56 所示。

（6）按"空格"键切换到挑选工具，框选所有对象，选择【位图】/【转换为位图】命令，打开"转换为位图"对话框。

（7）单击"颜色"下拉列表框，在弹出的下列表中选择"CMYK 颜色（32 位）"选项，在"分辨率"下拉列表框中输入"300"，如图 8-57 所示。完成后单击"确定"按钮，将选取的对象转换为位图。

图 8-56                              图 8-57

（8）选择【位图】/【三维效果】/【卷页】命令，打开"卷页"对话框，单击回按钮设置卷页的位置为右下角，在"宽度"数值框中输入"15"，在"高度"数值框中输入"25"，如图 8-58 所示。完成后单击"确定"按钮。

（9）将创建的卷页效果的对象等比例缩小即完成了信笺纸效果的绘制，最终效果如图 8-52 所示。

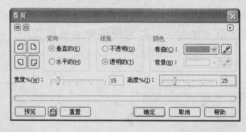

图 8-58

# 8.6　绘制 8 月份挂历

### 实例目标

利用矩形工具等绘制挂历的框架，然后导入位图并进行处理，接着利用椭圆工具、文本工具等制作挂历日期，最后设置月份并设置位图，最终效果如图 8-59 所示。

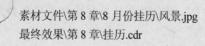

素材文件\第 8 章\8 月份挂历\风景.jpg
最终效果\第 8 章\挂历.cdr

图 8-59

**制作思路**

本例的制作思路如图 8-60 所示，涉及的知识点主要有文本工具、"对齐和分布"命令、位图的导入、位图颜色的调整、位图特效的制作等，其中位图的处理是本例的重点内容。

①绘制框架　　　　　　　②绘制日期　　　　　　　③绘制月份

图 8-60

**操作步骤**

## 8.6.1　挂历主体的绘制

（1）单击工具箱中的"矩形工具"按钮□，将光标移至绘图区中，当其变为 ⁺□ 形状时，按住鼠标拖动绘制矩形。

（2）此时矩形处于选中状态，在工具属性栏的 297.0 mm 210.0 mm 栏内输入矩形的长和高分别为 "200" 和 "280"，然后按 "Enter" 键。

（3）选择【排列】/【对齐和分布】/【在页面居中】命令，如图 8-61 所示，得到的效果如图 8-62 所示。

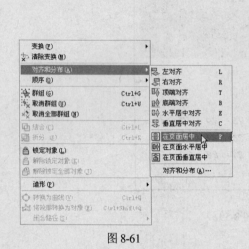

图 8-61

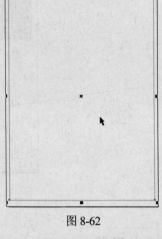

图 8-62

（4）按小键盘上的 "+" 键，复制矩形，在工具属性栏中将其高设置为 "152"。按住 "Shift" 键用鼠标单击第 1 个矩形加选它，选择【排列】/【对齐和分布】/【对齐和分布】命令，打开 "对齐与分布" 对话框，设置其参数如图 8-63 所示。单击 "应用" 按钮，再单击 "关闭" 按钮，得到的效果如图 8-64 所示。

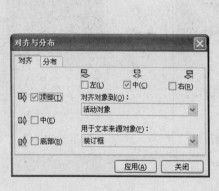

图 8-63

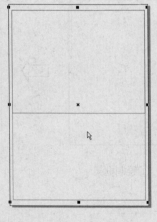

图 8-64

## 8.6.2　设置图片

（1）选择【文件】/【导入】命令，打开 "导入" 对话框，在其中选择风景图片，单击

"导入"按钮，此时光标变为 形状。在绘图区中单击鼠标，将该图片放置在绘图区中。

（2）确认图片处于选中状态，移动鼠标至图片的一角，当光标变为 ↖ 或 ↗ 双向箭头时，按住鼠标左键不放拖动至合适大小。

（3）按住"Shift"键，单击鼠标加选复制出的矩形，选择【排列】/【对齐和分布】/【对齐和分布】命令，打开"对齐与分布"对话框。在其中进行如图 8-65 所示的设置，单击"应用"按钮，再单击"关闭"按钮，效果如图 8-66 所示。

图 8-65

图 8-66

（4）在绘图区空白处单击取消选择，再单击选中图片。选择【效果】/【调整】/【颜色平衡】命令，打开"颜色平衡"对话框，其设置如图 8-67 所示。单击"确定"按钮，效果如图 8-68 所示。

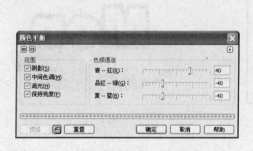

图 8-67

图 8-68

## 8.6.3 制作符号和日期数字

（1）单击工具箱中的"椭圆工具"按钮 ，在绘图区中绘制一个圆形，单击调色板中的橙色颜色框，如图 8-69 所示，为圆形填充橙色，并用鼠标右键单击调色板中的⊠按钮去除圆形的边框。

（2）按步骤（1）再绘制一个小圆，填充为黄色，去除边框。单击工具箱中的"挑选工具"按钮，选择小圆并移至如图 8-70 所示的位置。

（3）单击工具箱中的"交互式调和工具"按钮，在大圆上按住鼠标左键不放拖至小圆上，释放鼠标，效果如图 8-71 所示。

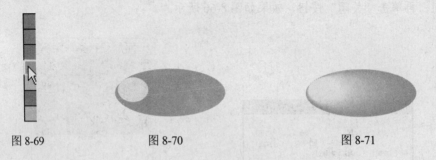

图 8-69 　　　　　　　　　　图 8-70 　　　　　　　　　　图 8-71

（4）单击工具箱中的"文本工具"按钮，在绘图区输入文字"Mon"，在工具属性栏中设置字体为"Airal Black"，字号为"15"。

（5）单击工具箱中的"挑选工具"按钮，使文字处于选择状态，然后单击调色板中的白色颜色框将文字填充为白色，再按住工具箱中的"轮廓工具"按钮不放，在展开的工具条上单击"轮廓画笔对话框"按钮，打开"轮廓笔"对话框，在其中进行如图 8-72 所示的设置，单击"确定"按钮，为文字添加外框，并调整其位置，如图 8-73 所示。

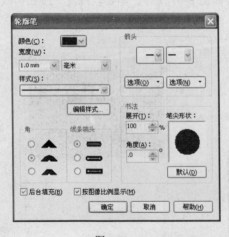

图 8-72 　　　　　　　　　　　　　　　　　图 8-73

（6）框选如图 8-73 所示的图形和文字，选择【排列】/【群组】命令，群组图形和文字对象。

（7）选择群组对象，按住鼠标左键水平拖动，移动到合适位置处保持鼠标左键不放，单击鼠标右键，释放左键，即可复制出一个对象。解散这个对象，将文字"Mon"改为"Sun"，并修改填充色为红色，外框为白色。再将这个对象群组。

（8）按步骤（7）的方法再复制出 5 个对象，分别解散群组，将文字改为"Tue"、"Wed"、

"Thu"、"Fri"、"Sat"，同时 "Sat" 文字填充为红色，外框为白色，再分别群组对象，将群组后的对象作位置调整，效果如图 8-74 所示。

图 8-74

（9）使用文本工具输入数字 "1"，在工具属性栏中设置其字体为 "BrushScrDEE"，字号为 "32"，按住 "Shift" 键的同时单击带 "Sun" 文字的对象，选择【排列】/【对齐和分布】/【对齐和分布】命令，打开 "对齐与分布" 对话框，在其中进行垂直居中对齐，单击 "确定" 按钮，然后选择 "1"，将它下移少许，效果如图 8-75 所示。

（10）确定 "1" 为选择状态，向右复制一个，对齐在有 "Mon" 文字的对象下，依次再复制 5 个并分别对齐，框选这 7 个 "1"，向下复制出 5 行，排列情况如图 8-76 所示。然后根据月份修改相应的数字，并将其调整为如图 8-77 所示。

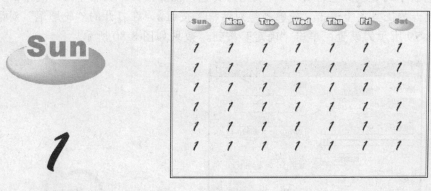

图 8-75

图 8-76

（11）将 "Sun" 和 "Sat" 对象下的数字填充为红色，与工作日区分开来。

（12）在 "1" 下输入文字 "建军节"，在工具属性栏中设置其字体为 "华文新魏"，字号为 "11"，填充为红色。单击工具箱中的挑选工具，选择文字，按住 "Shift" 键的同时用鼠标单击数字 "1"。

（13）选择【排列】/【对齐和分布】/【对齐和分布】命令，打开 "对齐与分布" 对话框，在 "对齐图像到" 下拉列表框中选择 "页面中心" 选项，单击 "确定" 按钮，将文字与数字 "1" 中心对齐。单击空白处，取消选择，再选取 "建军节" 文字，将其垂直移至 "1" 的下方，再将 "1" 填充为红色，效果如图 8-78 所示。

图 8-77 图 8-78

（14）单击工具箱中的"文本工具"按钮✍，输入文字"8月"，然后选择【排列】/【拆分】命令将其打散。此时"8"为选择状态，在工具属性栏中设置字体为"Sivan"，字号为"100"。单击调色板中的黄色颜色框将"8"填充为黄色，然后按住工具箱中的"轮廓工具"🖉不放，在展开的工具条上单击"轮廓画笔对话框"按钮🖉，在打开的"轮廓笔"对话框中进行如图 8-79 所示的设置，单击"确定"按钮，效果如图 8-80 所示。

图 8-79 图 8-80

（15）选取文字"月"，在工具属性栏中设置字体为"文鼎中特广告体"，字号为"70"。按住工具箱中的"填充工具"按钮🖉不放，在展开的工具条上单击"渐变填充对话框"按钮🖫，打开"渐变填充"对话框，在其中进行如图 8-81 所示的设置，单击"确定"按钮，效果如图 8-82 所示。

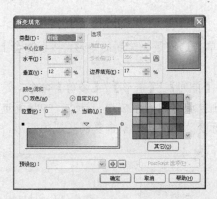

图 8-81　　　　　　　　　　　　　　　　　　图 8-82

（16）按住工具箱上的"交互式调和工具"按钮 不放，在展开的工具条上单击"交互式轮廓图工具"按钮 按钮，在工具属性栏中单击 按钮，在 数值框中输入数值"1"，在 .525 mm 数值框中同样输入数值"1"。单击 按钮，将 内的颜色改为蓝色，其他设置保持不变。

（17）选择【排列】/【拆分】命令，分离对象。单击工具箱中的"挑选工具"按钮 ，选取分离后的轮廓，然后单击工具箱中的"造形"按钮 ，将光标移至轮廓内节点上拖动，如图 8-83 所示，依次拖动轮廓内的节点，效果如图 8-84 所示。

图 8-83　　　　　　　　　　　　　　　　　图 8-84

（18）单击工具箱中的"挑选工具"按钮 ，框选文字"月"及其轮廓，将它们移动至文字"8"的右边，再加选文字"8"，选择【排列】/【群组】命令群组对象，并将其移至导入图片的偏右下角，如图 8-85 所示。

图 8-85

### 8.6.4 运用位图制作特效

（1）单击工具箱中的"挑选工具"按钮，单击选取最先绘制的矩形，按小键盘上的"+"键，在原位复制出一个矩形。

（2）选取放置导入图片的较小矩形，选择【排列】/【造形】/【修剪】命令，这时会在工作界面里的右边出现造形泊坞窗，同时按钮自动下凹表示被选，选中来源对象复选框，其他设置保持默认，然后单击"修剪"按钮，光标变为形状，单击复制生成的矩形，即得到所需要的矩形，如图8-86所示。

图 8-86

（3）确认修剪生成的矩形处于选取状态，单击调色板中的白色色块将其填充为白色，然后用鼠标右键单击调色板中的⊠按钮去除其边框。按"Shift+PageDown"组合键将其放在最下层，选择【位图】/【转换为位图】命令，打开"转换为位图"对话框，在其中进行如图8-87所示的设置，单击"确定"按钮完成位图转换。

（4）选择【位图】/【杂点】/【添加杂点】命令，打开"添加杂点"对话框，在其中进行如图8-88所示的设置，单击"确定"按钮。

图 8-87

图 8-88

（5）选择【位图】/【三维效果】/【卷页】命令，打开"卷页"对话框，设置该对话框为如图8-89所示，完后单击"确定"按钮，效果如图8-90所示。

图 8-89

图 8-90

（6）单击工具箱中的"挑选工具"按钮，单击放置导入图片的矩形，然后单击调色板中的橙色颜色框为其填充橙色，用鼠标右键单击调色板中的⊠按钮去除边框。再选取外框矩形，按"Delete"键删除它，此时挂历已基本绘制完成。

## 8.6.5 添加和修改图形

（1）单击工具箱中的"矩形工具"按钮□，绘制一个矩形，在工具属性栏中设置其长为"203mm"，高为"4mm"，按住"Shift"键的同时单击橙色矩形，再选择【排列】/【对齐与分布】/【对齐和分布】命令，打开"对齐与分布"对话框，在其中按页面中心对齐。

（2）单击"确定"按钮关闭"对齐与分布"对话框，取消选取，再选择刚绘制的矩形，选择【排列】/【变换】/【位置】单命令，打开"变形"泊坞窗。

（3）在 垂直: .0 文本框内输入"4"，选中☑相对位置复选框被选中，单击"应用"按钮。

（4）按住工具箱中的"填充工具"按钮⬗不放，在展开的工具条上单击■按钮，打开"渐变填充"对话框，在其中进行如图 8-91 所示的设置，单击"确定"按钮。

（5）用鼠标右键单击调色板中的⊠按钮去除边框，完成本例的制作，最后终效果如图 8-59 所示。

图 8-91

# 8.7    课后练习

根据本章所学内容，动手完成以下实例的制作。

### 练习1　制作画册的卷页效果

运用导入位图、设置位图卷页效果等操作制作如图 8-92 所示的画册的卷页效果。

素材文件\第 8 章\课后练习\卷页\画册.tif

最终效果\第 8 章\课后练习\画册卷页.cdr

图 8-92

### 练习2　制作油画效果

运用导入位图和设置位图油画效果、设置位图色度和饱和度等操作制作如图 8-93 所示的油画效果。

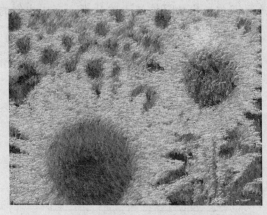

图 8-93

素材文件\第 8 章\课后练习\油画\向日葵.jpg

最终效果\第 8 章\课后练习\油画.cdr

### 练习 3 绘制请柬封面

运用矩形工具、导入位图、裁剪位图、位图颜色遮罩等操作制作如图 8-94 所示的请柬封面。

素材文件\第 8 章\课后练习\请柬\1.gif、2.gif、3.jpg

最终效果\第 8 章\课后练习\请柬封面.cdr

图 8-94

### 练习 4 制作宣传册封面

运用导入位图、设置位图色度和饱和度、交互式阴影等操作制作如图 8-95 所示的宣传册封面。

最终效果\第 8 章\课后练习\双线公司.cdr

图 8-95

**练习 5  制作学校活动海报**

运用文本工具、"转换为位图"命令、处理位图等操作制作如图 8-96 所示的学校活动海报。

图 8-96

素材文件\第 8 章\课后练习\海报\海报.cdr
最终效果\第 8 章\课后练习\海报.cdr

### 练习 6　制作 1 月份挂历效果

运用矩形工具、椭圆工具、文本工具、导入位图、裁剪位图、处理位图等操作制作如图 8-97 所示的 1 月份挂历效果。

素材文件\第 8 章\课后练习\1 月份挂历\花.jpg
最终效果\第 8 章\课后练习\1 月份挂历.cdr

图 8-97

### 练习 7　制作白酒广告

运用绘制曲线、添加阴影、导入位图、设置位图效果等操作制作如图 8-98 所示的白酒广告效果。

素材文件\第 8 章\课后练习\白酒广告\山水.jpg

最终效果\第 8 章\课后练习\白酒广告.cdr

图 8-98